아름다운 부모들의 이야기 1

우리 아이 이렇게 사랑한다

아름다운 부모들의 이야기 1
우리 아이 이렇게 사랑한다

1판1쇄 2015년 10월 10일
1판5쇄 2019년 1월 1일

글쓴이 이민정

펴낸곳 아훈출판사
펴낸이 아훈연구소
편집자문 김용기 김재신

등록번호 214-90-65919
등록일자 2015년 9월 18일
주소 서울시 서초구 반포대로 58(서초아트자이 오피스텔) 101동 804호(우 06652)
전화 070-8201-9864
홈페이지 www.ahoon.kr

공급처 (주)북새통
서울특별시 마포구 방울내로 7길 45
전화: 02)338-0117, 팩스 02)338-7161
홈페이지 www.booksetong.com

ISBN 979-11-956353-0-6 03590

아름다운 부모들의 이야기 1

우리 아이 이렇게 사랑한다

아훈
Ahoon

시작하는 글

내가 아름다운 인간관계 훈련 프로그램을 만들면서 가장 먼저 떠오른 단어는 '아름답다'였다.

'아름답다'는 단어를 새롭게 만나게 된 것은 나의 고등학교 2학년 국어시간이었다. 오랫동안 우리말을 연구해 오셨던 국어선생님은 '아름답다'는 단어가 '안 다음' 즉 '알면 알수록 더 좋은'이라는 뜻을 지녔다고 말씀해 주셨다. 그 뜻은 내게 큰 의미로 다가왔다. 그 후, 나는 '아름다운' 사람 즉 '알면 알수록 더 좋은' 사람이 되고자 노력해 왔다. 그 뜻은 오늘까지도 이어지고 있고, 또한 내 삶의 목표이기도 하다.

살아가면서 '아름다운' 사람을 만난다는 것은 쉬운 일이 아니다. '알면 알수록 더 좋은' 아름다운 배우자, 부모, 친구, 상사, 동료, 이웃을 만나는 일은 얼마나 큰 행운인지, 얼마나 큰 선물인지, 그러나 그 선물 같은 사람을 만나기 위해서 나는 무엇을 준비하고 있는지, 어떤 노력을 기울이고 있는지.

영국의 철학자 칼 포퍼는 '인생은 문제 해결의 연속'이라고 했다. 결국 문제를 잘 해결하면 인생을 잘 사는 것이고, 문제를 제대로 해결하지 못하면 인생을 함부로 사는 것이다. 아름다운 인간관계는 우리의 삶에서 일어나는 문제들, 즉 중요하고 의미 있는 사건들을 지혜롭게 해결할 때 이루어진다. 그렇다면 일상 사건들과 문제들을 어떻게 풀 것인가. 그동안 만난 많은 수강자들과 독자들은 아름다운 인간관계에 대한 해결방법을 묻는다. "선생님, 이런 경우에는 뭐라고 하죠?"

초등학교 4학년 아들이 제가 집을 나서려는데 묻더라고요.
"엄마, 사람은 왜 살아요. 제가 왜 살아야 하는 거죠?"
선생님, 이럴 때 제가 뭐라고 해야 하죠?

초등학교 5학년 딸이 제게 말했습니다.
"엄마, 엄마는 제가 데이트 하는 데 대해서 어떻게 생각하세요?"
제가 뭐라고 대답해야 하죠?

태권도장에 다니는 초등학교 2학년 아들이 묻습니다.
"엄마, 사범님은 왜 평소에는 아이들을 때리고 부모님들이 계실 때는 안 때릴까요?"

제가 뭐라고 말해야 하는지요?

중3인 제 딸이 내일부터 학기말 시험인데 제가 외출하고 돌아왔더니 거실에 앉아 TV 개그 프로에 푹 빠져서 제가 문 열고 들어오는 것도 모르더라고요.
그럴 경우 제가 어떻게 해야 할까요?

질문들은 계속 이어진다. 그들은 말한다.
아이들과의 문제가 단순하게 '그래', '아니야'로 해결되는 것이 아니더라고요. 진정한 의미에서 부모의 실력이 요구되더라고요. 삶의 사건들과 문제들은 좋은 말 몇 마디를 주고받아서 끝나는 것이 아니라 진정으로 내가 어떤 사람이며 무슨 생각으로 살고 있는지, 나의 가치관, 행동방식, 삶의 태도 등 총체적인 나를 숨김없이 드러나게 만드는 그야말로 '나의 삶, 그 자체'임을 깨닫게 됩니다. 정말 부모가 되어서도 배우지 않으면 지혜롭게 해결할 수가 없네요.

아름다운 인간관계 훈련 프로그램(이하 줄여서 아훈)은 바로 이러한 요구에 의해 만들어졌으며, 이 책은 아훈 프로그램 교육 과정에서 만나 어떻게 생각하고 말하고 또 나를 어떻게 변화시켜야 하는지를 함께 고민하고 노력하는 아름다운 사람들의 이야기이다.

아훈 프로그램에 참가했던 한 수강생은 말했다.
그때는 몰랐습니다. 부모가 자신을 가장 사랑한다고 느껴야 할

아이에게 부모인 제가 얼마나 무섭고 두려운 존재로 남았을지를요. 그 무섭고 두려운 부모 앞에서 우리 아이가 얼마나 황당했을지를요. 얼마나 억울했을지를요. 얼마나 외로웠을지를요. 얼마나 슬펐을지를요. 아이가 받았을 슬픔이 뼈마디로 스며들어 방바닥을 헤매며 울었습니다. 그날 아이에게 무릎을 꿇고 사과했습니다.

나는 그동안 아훈 프로그램을 통하여 많은 눈물을 만났다. 그건 참회와 반성의 눈물 그리고 기쁨과 성장의 눈물이었다. 그 눈물이 그토록 아름다웠던 건 눈물이 변화의 씨앗이 되어 눈물 위에 아름다운 사람들이 꽃처럼 피어났기 때문이다.

아훈 프로그램에 참가했던 한 수강생은 말했다.
"제 안에 갇혀 있던 거인巨人이 제 밖으로 나오는 길을 찾았습니다. 그 거인의 이름은 '사랑'입니다. 이 프로그램을 만들어 주셔서 고맙습니다."
그렇다. 우리 안에는 거인이 존재하며 그 거인의 이름은 '사랑'이다. 아훈 프로그램의 목적은 우리 내면에 존재하는 사랑, 그 무한한 성장과 치유의 잠재력을 밖으로 나오게 하는 것이다.

이 책은 월간지『생활성서』와『소년』, 뉴욕에서 발행하는『미주 평화신문』에 연재했던 글을 모아 엮은 것이다.

아훈 프로그램과 이 책을 만드는 데 도움 주신 많은 분들에게 감사드린다.

아훈 연구소 장소를 찾는 일부터 시작해서 온몸과 마음으로 도와준 박수진 선생님, 김기숙 선생님, 채옥주 선생님, 김지수 선생님, 캐나다 토론토로 초청해 주신 한마음성당 최규식 신부님과 예수성심성당 박지곤 신부님, 토론토 구정희 선생님과 아훈 강사님들, 브라질 상파울루에서 나를 불러 주셨던 이경렬 신부님, 인도네시아 자카르타에서 나를 불러 주셨던 최승일 신부님, 샌프란치스코에서 불러 주셨던 강대은 목사님, 언제나 응원해 주시는 허용 신부님, 김경섭 한국리더십센터 회장님, 장증태 전 대구파티마병원 원장수녀님, 늘 내 글을 사랑해 주시는 김경욱 신부님, 고승덕 변호사님, 순수하고 열정적으로 강의하며 힘을 주는 윤서연 선생님, 아훈 연구소의 실무를 책임 있게 맡아 주는 정성우 선생님, 자신의 실천 사례들을 기쁘게 터놓고 함께 고민하는 아훈 강사님들과 수강생들, 그리고 유치원 선생님들과 학부모들에게 아훈을 필수과정으로 배우게 하는 분당 즐거운유치원 이송자 원장님과 전국 가톨릭유치원 원장수녀님들에게 감사드린다.

또한 이 책을 만드는 데 아낌없는 도움을 준 생활성서사 김용기 편집국장님, 그리고 나보다 나를 더 아끼는 둘째 언니와 가족들, 돌아가셨어도 나를 위해 기도해 주실 부모님, 언제나 든든한 힘이 되어 주는 큰아들과 책을 쓰는 데 섬세하게 도와준 작은아들, 나보다 나를 더 잘 챙겨 주는 사랑하고 존경하는 남편에게 고마운 마음 전한다.

마지막으로, 그동안 『이 시대를 사는 따뜻한 부모들의 이야기 1권, 2권』과 오디오북, 『이 시대를 사는 따뜻한 사람들의 이야기 1권, 2권』, 『이 시대를 따뜻하게 사는 사람들』, 『우리 아이, 지금 습관으로 행복할 수 있을까?』와 오디오북 등 여섯 권의 단행본과 두 권의 오디오북을 사랑해 준 독자분들께 머리 숙여 감사드린다.

이 책을 읽으며 언제나 세상은 따뜻하고 행복한 곳이며 아름다운 사람들이 모여 사는 곳이라고 여기게 되기를, 그런 세상을 만드는 데 도움이 되기를 기도드린다.

"사랑의 삶을 보여 주신 주님! 오늘도 당신의 도구로 써 주셔서 고맙습니다."

2015년 10월, 산이 보이는 집에서

이민정

* 사례에 등장하는 이름은 가명이며, 내용은 사례에 따라 저자가 재구성 또는 수정하였습니다.

차례

시작하는 글 4

프로그램을 시작하기에 앞서 16

1부 아름다운 인간관계를 위한 준비

1장 인간관계에서 현재 나의 모습

첫 번째도 친절, 두 번째도 친절, 세 번째도 친절 26

친절한 사람들의 이야기 31

엄마, 엄마는 good mommy(좋은 엄마)야 38
병원에서 모르는 흑인 여성을 도와준 엄마에게 아이가

사랑하는 마음으로 사랑하기 43

엄마, 저 또 오줌 쌌어요 46
이불에 자주 실수를 하는 여섯 살 아들이

아버지는 아셨을 거야, 내가 의무감으로 간호했다는 것을 54
외국에서 다니던 회사를 그만두고 귀국해 아버지를 간호했던 딸이

자애로우면서 엄격한 부모의 모습은? 57

2장 인간관계에서 내가 바라는 나의 모습

엄마, 오빠가 때렸어요 62
오빠와 잘 다투는 동생이 또 오빠랑 다투고 나서

창문 닫았어요. 보상해 주세요 70
소나기 온 날, 아빠 방 창문 닫으라는 엄마의 문자를 받고 아들이

아빠, 지갑을 잃어버렸어요 78
마트 가다 4만 원 든 지갑을 잃어버린 아이가

3장 인간관계에 대한 이해

지혜로운 격려자와 상담자가 되기 위해 86

선생님 도와주세요 89
유치원 오기 싫다고 울던 아이가 작업하다가

엄마가 가져온 책 엄마가 갖다 놓으세요 94
갖다 달라는 책 갖다 준 엄마에게

엄마, 제가 비행기 만들었어요 하는 아이에게 해 주는 지혜로운 칭찬의 말은? 101

'돌아가면서 주는 상 받았냐?' 106
상 받았다는 아들의 말에 엄마가 하고 싶었던 말

올바른 길을 알려 줄 것이라 믿는 부모에게 아이들은 안심하고 묻는다 116

경비 아저씨 돈 받잖아요. 그런데 왜 떡을 드려요? 119
경비 아저씨에게 떡을 갖다 드린다는 엄마에게 아들이

사람은 서로 다르다 124

정재 거니까 정재가 준다고 했으면 되는 거잖아요 126
친구에게 책 받은 아이가 엄마에게

엄마가 다시 예쁘게 이야기하니까 좋다 132
차 뒷자석에서 아빠 엄마 대화를 듣던 다섯 살 된 아들이

4장 인간관계에서 네 가지 패러다임

여보, 가습기 켰어? 소독했어? 140
퇴근해서 날마다 가습기 상태를 확인하는 남편이

(혼잣말로) 비싸네 148
약국에서 두통약 가격 때문에 어머니가

아이씨! 졸리다구요! 153
어깨를 토닥이는 선생님에게 책상에 엎드렸던 학생이

5장 사건 내용의 분류

40센티 간격 줄이는 훈련 164

아싸! 엄마 아빠 싸우니까 기분 좋다 168
엄마 아빠가 다투는 것을 본 아들이

내일이 중간고사인데 저 TV 보고 있는데 화나지 않으세요? 172
예전 같으면 소리 질렀을 어머니에게 딸이

저희는 고3, 중3이에요 179
이사 온 7세 4세 아이 엄마에게 아파트 아래층 아주머니가

2부 아름다운 인간관계를 위한 구체적인 방법

6장 대화에 방해되는 말

부모의 옳은 말이 우리를 더 힘들게 한다 186

엄마, 제가 왜 살아요? 제가 왜 살아야 하는 거죠? 192
초등학교 4학년 막내아들의 질문

'나 지우개 좀 빌려 줘' '안 돼' '빌려 주라고' 197
숙제하던 동생과 형과 엄마가

50살까지 조용히 회사 다니라구 204
사업하겠다는 남편에게 아내가

7장 상대방을 이해하는 대화 방법

엄마 설거지 하는 거 안 보여? 210
한번 안아 달라는 아이에게 엄마가

버스만 태워 주면 저 혼자 순천 할머니 댁에 갈래요 221
일곱 살 난 딸이 자신의 여행 가방을 챙기며

한 주먹도 안되는 선생님을 치려다 참았어요 225
과외선생님에게 머리를 맞은 뒤 아이가 엄마에게

엄마를 사랑하지 않을 수가 없어요 229
자신의 서운함을 잘 알아주는 엄마에게 아들이

8장 나를 표현하는 대화 방법

형수가 돼지비계를 좋아하는 이유 236

아휴! 제가 바보예요, 엄마한테 그런 말을 하게요 238
엄마에게 말하는 게 좋겠다는 신부님의 말에 아이가

내가 뭘 하든 아빠가 무슨 상관이에요? 242
방에 처박혀 있지 말고 나오라는 아빠의 말에

고치는 데 얼마가 들었는지 알아? 248
컴퓨터를 또 고장 낸 아내에게 남편이

9장 상대방과 나의 욕구 갈등 해결 방법

서로 다른 욕구를 풀어가는 여섯 단계 해결법 254

엄마, 저 로봇도 사 주세요 258
금방 거북이 사고 아들이

네가 메시냐? 263
메시가 신었다는 축구화를 사 달라는 아들에게 엄마가

너, 이거 얼만 줄 알아,
이런 옷 재벌 아들도 사기 힘들어 270
삼수 후 대학에 합격한 아들에게 점퍼를 사 주려고 백화점에 들른 엄마가

3부 마무리 및 다짐

내 허락 없이 내 방에 들어오는 사람 다 죽인다 276
고1 딸이 방문 앞에 써 붙인 글

엄마, 제가 친구를 때렸거든요.
걔네 엄마가 집에 올지도 몰라요 283
태권도장에서 20분 늦게 돌아온 아이가

아들이 대학에서 떨어졌는데
왜 그 엄마가 화가 난다는 거예요? 286
입시에 관한 TV 프로 예고편을 함께 보던 아들이

옳은 길에서 올바른 방법으로 사람을 도와주는
아훈 강사가 되고 싶어요 299
아훈 강사가 되고 싶다는 초등학교 1학년인 윤하가

아훈 가족들의 이야기 306

프로그램을 시작하기에 앞서

아훈에서는 프로그램을 시작하기 전에 마음의 준비를 한다.

국제선 비행기를 타기 위해 인천공항에 갈 때와 동네 버스 타러 갈 때의 마음은 다르다. 동네 버스는 놓치면 또 다음 버스를 타도 된다. 그러나 국제선 비행기를 놓치면 여러 가지 복잡한 문제가 따른다. 하루의 일과도 마찬가지다. 무심하게 시작하는 하루와 뚜렷한 목표를 지닌 하루는 삶의 수준을 달라지게 한다. 이러한 이유로 이 프로그램에서는 내가 나아가고자 하는 삶의 목표를 정한다.

한 수강생은 말한다.

돌아보면 제가 아이들에게는 정신 차려서 대하려고 노력했습니다. 부모로서 아이들을 교육해야 하니까요. 그런데 남편에게는 별 생각 없이 행동했습니다. 남편이 제게 잘 해 주기만을 바랐죠. 남편이 퇴근할 때 현관문 키 여는 소리가 들리면 저는 얼른 방에 들어가서 잡니다. 남편이 '나 왔어.' 하면 저는 '나 피곤해 깨우지 마.' 하고 이불 속으로 들어갑니다. 하루 종일 두 아이랑 힘들었으니 이젠 당신이 아이들 챙기고, 집안일 챙기라는 의미였습니다. 남편이 저를 많이 좋아해서 제가 결혼해 줬거든요. 그러니까 제 맘대로 해도 남편은 여전히 저를 좋아하지 않겠어요. 제 목표가 없었죠. 부끄럽지만 결혼해서 10년 넘게 남편의 아침밥을 준비한 기억은 거의 없습니다.

"나 피곤해 알아서 먹고 가라고."

했으니까요. 어느 날 남편이 말하더라고요.

"당신 나 사랑하기는 하는 거야?"

저는 큰 소리로 대답했습니다.

"그걸 말이라고 해? 사랑하니까 애를 둘씩이나 낳고 살지."

남편은 더 이상 말하지 않았습니다. 그런데… 그런데 저는 정신을 차리고 아내로서 목표를 정했습니다. 제가 정말로 남편에게 어떤 존재이고 싶은지 생각했습니다. 다음은 제가 남편에게 듣고 싶은 말입니다.

"언제나 사랑과 존경을 보여 준 당신, 당신의 존재만으로도 내 삶은 기쁨으로 가득했습니다. 당신을 어제보다 오늘 더 사랑합니다."

이 말을 듣기 위해서 저는 가장 간단한 것부터 시작했습니다. 남편이 퇴근할 때 반드시 아이들과 함께 현관으로 나가서 마중하리라. 아침은 별일이 있어도 준비하리라. 처음 시작할 때는 어색했지만 차츰 익숙해졌습니다. 가끔 남편이 늦으면 아이들이 묻습니다.

"엄마, 아빠 언제 오세요?"

"네가 물어 봐라, 엄마가 어떻게 아냐, 어디서 술 마시느라 늦겠지." 하던 제가,

"글쎄, 늦으시네. 오늘도 우리 식구들을 위해서 아빠가 애쓰시네. 아빠 오시면 기쁘게 해 드려야겠네."

라고 몇 번 말했는데 어느 날, 큰아이가 늦게 오는 아빠 책상 위에 편지를 써놓고 잤더라고요. "저희들을 위해서 오늘도 열심히 일해 주셔서 고맙습니다."는 내용의 편지였습니다. 남편은 눈물까지 글썽이며 제게 자랑하더라고요. 또 어느 날이었습니다. 두 딸과 제가 현관 앞에 서서 다정하게 남편을 맞이하자 남편이 한참을 그대로 서 있었습니다.

"왜요? 무슨 일 있어요?"

"아니, 너무나 감격해서. 너무나 행복해서, 잠깐만."

남편이 지갑을 꺼내더니

"자, 이 돈은 용돈이야."

하며 두 딸에게 천 원씩을 제게는 만 원을 주었습니다. 딸들이 깡충깡충 춤을 추며 좋아했습니다. 어느 날 시어머님이 오셨는데 남편이 들어오자 저희 세 사람이 현관으로 뛰어나가서 남편을 반갑게

맞이했습니다. 그날 저녁 시어머님이 저를 부르시더니 말씀하시더라고요.

"어멈아, 고맙다, 너희들이 아범한테 잘하는 걸 보고 내가 얼마나 기뻤는지. 아범은 어린 나이에 아빠 없이 자라서 외로웠을 텐데 너희들 하는 걸 보니까 아범이 외롭지 않겠구나 하는 생각이 들어서 네가 정말 고마웠다. 고맙다. 어멈아."

눈물을 글썽이는 시어머님을 뵈면서 저도 가슴이 뭉클해서 정말로 남편에게 잘해야겠다는 생각이 들었습니다. 행복했습니다. 그래서 저도 심리학자 칼 메닝거가 했다는 말이 떠올랐습니다.

"사랑은 주는 사람과 받는 사람 모두를 치유해 준다."는 말이요.

외할머니와 함께 사는 한 대학생이 말했다.

저는 정말 할머니 잔소리에 때로는 미칠 것 같다는 생각이 들었습니다. "일어나라, 씻어라, 옷 입어라, 따뜻하게 입어라, 밥 빨리 먹어라, 일찍 와라." 등, 제가 유치원생입니까. 그런데 제가 목표를 세웠습니다. 할머니가 말씀하시기 전에 내가 먼저 행동한다는 것입니다.

그리고 학생은 말했다.

"할머니, 저 일어났어요. 세수도 마쳤습니다. 오늘은 추우니까 옷 따뜻하게 입고 갈게요. 오늘 귀가는 늦겠지만 밤 10시까지는 들어옵니다."

학생이 또 말했다.

“제가 왜 그 생각을 못했죠? ‘할머니 저 일어났어요.’ 하면 될 것을요. 주변에서 칭찬이 자자합니다. '할머니가 걱정하시기 전에 내가 먼저 행동한다.'는 목표를 정하자 이렇게 쉬운 것을요.”

다른 수강생들도 말한다.

저도 정말 간단한 목표를 세웠습니다. 아침에 일어나서 식구들에게 다정한 목소리로 말한다. 절대로 화내지 않는다. 출근하는 남편에게 다정하게 인사한다. 아이들이 학교 갈 때는 어떤 일이 있어도 웃으며 보낸다 등 정말 간단해요. 그 간단한 목표가 어두웠던 저의 집을 낙원으로 만드네요.”

저도요. 밥을 꼭꼭 챙겨 먹는 남편에게 밥은 꼭 차려 주지만 화가 날 때는 “아, 몰라, 됐어!” 하고 모른 척합니다. 그런데 제가 아훈 과정에 참가하면서 남편에게 듣고 싶은 말을 정했습니다.

“당신을 통해서 진실한 마음과 참사랑을 알았어. 고맙고 사랑하오.”

이 말을 듣기 위해 첫 번째로 할 일은 남편과 다퉈도 밥은 꼭 차려 준다는 목표를 세웠습니다. 그 후, 남편이 출근을 앞두고 별일 아닌 일로 아이들을 심하게 나무라서 남편과 크게 다퉜습니다. 한

참 소리 지르고 눈물, 콧물 흘리다가 순간 '아, 이게 아니지, 밥은 챙겨야지.' 하고 순간적으로는 고민했지만 남편에게 말했습니다.

"여보, 잠깐만요, 제가 금방 밥 준비할게요. 밥은 꼭 먹고 가요."

이렇게 말하고 제가 얼른 준비했는데 남편은 그냥 가더라고요. 사실 남편도 저와 심하게 다투다가 "어? 알았어. 먹고 갈게." 이랬어도 좀 웃길 것 같기도 했지만요. 다행히 저는 홀가분했습니다. 남편에게 서운하긴 했지만 실천했으니까요. 남편의 반응이 어떠하든 배운 대로 실천했으니까요. 저 자신과의 싸움에서 제가 승리했으니까 홀가분했습니다. 그런데 그 사건을 잊을 때쯤 어느 날 남편이 지나가는 말처럼 말하더라고요.

"저기, 당신 그 분발할 수 있는 목표 말이야. 개인적으로 참 맘에 들어."

그 순간 정말 기뻤습니다. '아, 남편이 기억하고 있구나. 내 노력이 땅에 떨어져 버리는 게 아니구나.' 하구요. 그래서 삶의 목표를 정하는구나 하는 생각을 했습니다. 그때 제가 조금 더 준비가 되었더라면,
"여보, 당신 말을 들으니까 그때의 서운함이 다 사라지고 더 큰 힘이 생기네요. 고마워요." 했을 것을요.

아훈 프로그램에서는 역할에 따른 목표를 정한다. 즉 어머니로서, 아내로서, 가족으로서, 친구로서, 신앙인으로서, 아훈 프로그램 강사로서 상대방에게 어떤 사람으로 기억되도록 살 것인가에 대해서 그 바람을 적는 것이다. 또는 아버지로서, 남편으로서, 직장인으로서, 상사로서, 동료로서, 선배로서, 후배로서 등 역할에 따라 상대방으로부터 듣고 싶은 말을 적는다.

다음은 아훈 강사가 자신의 목표를 준비한 내용이다.

나의 길(아훈 강사 정숙영)

*** 아내로서 남편으로부터
"평생을 함께 하는 동반자로서 변함없이 사랑한 당신 고마워."
*** 어머니로서 아들로부터
"어머니, 어머니는 언제나 저의 가장 든든한 친구입니다."
*** 딸로서 부모님으로부터
"너는 우리 인생의 기쁨이고 행복이었단다."
*** 언니, 누나로서 동생으로부터
"우리의 언니, 누나라서 행복해요."
*** 강사로서 수강자로부터
"선생님을 만나게 된 건 제 인생에 행운이었습니다. 선생님을 통해 '나도 할 수 있다.'는 힘이 생겼습니다."
*** 제자로서 이민정 선생님으로부터

"아훈을 삶으로 실천한 아름다운 정숙영 선생님, 사랑합니다."
*** 나 스스로에게 나로부터
"열심히 사는 네 모습 자랑스러워."

제가 이 목표를 냉장고 앞에 붙여 놓았습니다. 남편과 다 큰 아들이 빈정거리더라고요.
"여보, 이거 당신이 쓴 거 맞아?"
"엄마, 엄마는 왜 이렇게 안 하세요?"
"이렇게 써 놨으니까 지금의 엄마지, 이걸 안 써 봐라, 막 간다. 이거 떼어 내고 막 갈까? ㅎㅎㅎ."

암 수술을 세 차례 받고도 목표를 세우고 열심히 실천하며 아름답게 강의하는 정 선생님. 저는 선생님에게 말할 수 있습니다.

"아훈을 삶으로 실천하는 아름다운 정숙영 선생님, 사랑합니다."

활을 쏠 때 과녁 없이 활을 쏘면 그 화살이 어디로 갔는지 찾기 어렵다. 하지만 확실한 과녁을 향해 계속 활시위를 당기다 보면 활은 점점 과녁 가까이 다가갈 수 있고, 드디어 과녁에 명중하게 된다. 그러나 과녁을 향한 활쏘기의 노력은 쉬운 것이 아니다. 그 어려움을 『성공의 공통분모』의 저자, 알버트 그레이가 말한다.

"모든 성공한 사람들은 실패한 사람들이 하기 싫어하는 것들을 하는 습관을 지니고 있었다. 그들 역시 싫기는 마찬가지가 아니었을까.

그러나 그들은 싫은 감정에 앞서 강력한 목적의식이 있었다.”

자신의 목적이 무엇인지 확실히 알고 그 목적을 달성하려는 강력한 의지가 있는 사람만이 성공할 수 있다.

1부 아름다운 인간관계를 위한 준비

1장 인간관계에서 현재 나의 모습

첫 번째도 친절, 두 번째도 친절, 세 번째도 친절

아름다운 인간관계 훈련에서는 친절한 마음으로 친절하고, 사랑하는 마음으로 사랑하는 사람을 아름다운 사람이라고 한다.

우리는 구체적으로 어떻게 친절한 사람이 될 것인가, 어떻게 사랑하는 사람이 될 것인가를 배우고 훈련한다. 그러므로 친절과 사랑에 대하여 더 깊이 생각하게 된다. 사랑은 인간의 본성 중 가장 자연스러운 부분이며, 누군가에게 한정되는 것이 아니라 자신과 세상에 대한 넓고 깊은 이해 속에서 끊임없이 실천하고 훈련해야 하는 능력이다. 심리학자 에리히 프롬은 그의 책 『사랑의 기술』에서 사랑을 '세계에 대한 한 사람의 관계를 결정하는 태도'라고 정의하면서,

"만약 내가 한 사람을 진실하게 사랑한다면, 나는 모든 사람을 사랑하며 세계를 사랑하고 인생을 사랑하는 것이다. 만약 내가 누군

가에게 '당신을 사랑한다.'고 말할 수 있다면 '나는 당신을 통해서 모든 사람을 사랑하며 당신을 통해서 나 자신도 사랑한다.'고 말할 수 있어야 한다."고 말했다.

또한 사랑이 특정 대상에 의존하거나 한정될 수 없다는 점에서 사랑과 친절은 본질적으로 같다. 영미문학을 대표하는 소설가 헨리 제임스는 말한다.

"삶에는 중요한 것이 세 가지 있다. 첫 번째도 친절, 두 번째도 친절, 세 번째도 친절이다."

이렇게 중요한 친절은 어떤 뜻을 지니고 있을까. 국어사전에서는 친절을 두고 '(누군가를) 대하는 태도가 매우 정답고 고분고분한 것. 그러한 태도,' 또는 '(누군가를) 대하는 태도가 매우 친근하고 다정함.'이라 풀어 놓았다. 나에게 매우 정답고 친근하게 대해 주는 사람을 좋아하지 않을 사람은 없을 것이다.

그렇다면 현재 나의 친절과 사랑은 어떤 모습일까.

나는 국어교사로 5년, 가톨릭교회의 중·고등학생 예비신자 교리교사로 9년, 부모교육 강사로 28년, 40년을 넘게 '가르치는 일', 즉 '교육'을 해 왔다. 나는 사전에 쓰인 대로 '지식을 부여하고 개인의 능력을 신장시키기 위하여 가르치고 지도하는 일'인 '교육'을 해 온 것이다. 나는 어느 날 미국 존스홉킨스 대학 예의프로젝트 창설자인 포르니 교수가 쓴 책『예의의 기술』에서 다음과 같은 글을 읽게 되었다.

"어느 날 단테의 신곡에 대해 강의를 하다가 문득 학생들이 단테를 더 잘 알기보다는 먼저 공손(친절)했으면 좋겠다는 생각이 들었다. 그때 학생들에게 말했다. 학생들이 단테를 아무리 잘 알아도 학교 바깥에서 어르신을 공경(친절)할 줄 모르는 학생이 여기 있다면 나는 선생으로서 실패한 것이라고."

나는 이 글을 읽으면서 '내가 가르치며 꿈꿔 왔던 교육과 아름다운 인간관계 훈련의 핵심인 친절은 같구나.' 하는 설렘으로 가슴이 벅찼다.

나는 포르니 교수와 같은 생각으로 교육을 해 왔다. 국어교사였기에 더 가능했는지도 모른다. 나는 아훈 수강생들에게 말한다.

"여러분이 이 교육 내용을 아무리 잘 배우고 이해한다 해도 이 강의실에 들어오기 전보다 강의실을 나가서 친절한 마음으로 친절하려 노력하지 않으면, 사랑하는 마음으로 사랑하려 노력하지 않으면 제 강의는 실패한 강의가 됩니다."

그리고 강사들에게 말한다.

"강사가 아무리 이 내용을 수강생들이 잘 이해하도록 가르치는 능력을 갖고 있다고 하더라도, 가까운 이웃에게 따뜻한 마음으로 친절하고, 가장 가까운 가족에게 사랑하는 마음으로 사랑하려고 노력하지 않으면 강의할 수 없습니다."

그것은 나 자신에게 하는 말이기도 하다. 나는 길을 묻는 사람에게 알고 있는 길을 친절하게 안내하고 있는가, 동네 가게에서 물건을 살 때 주인을 인격적으로 존중하고 있는가? 주차장에 차를 주차할 때 바로 옆에 주차할 다른 운전자를 생각하며 주차하고 있는가? 나는 다른 사람과의 관계를 어떻게 맺고 있는가를 점검한다.

그렇다면 인간관계에서

나의 친절은 친절한 마음으로 친절한가? 아니면…
** 친절해야 하기 때문에 친절한가?
** 친절하지 않으면 불이익을 당하기 때문에 친절한가?

그리고 나의 사랑은 사랑하는 마음으로 사랑하는가? 아니면…
** 사랑해야 하기 때문에 사랑하는가?
** 사랑하지 않으면 문제가 생기기 때문에 사랑하는가?

"여자가 무슨 운전이야. 운전!"
남자들이 비아냥거리던 시절 나는 운전을 배웠다.
어느 날인가 병목지점에서 머뭇거리고 있었다. 내가 머뭇거려서 그런지 다른 차선의 자동차들이 쌩쌩, 서툰 여자 운전자 보란 듯이 더 빨리 달렸다. 두려워 머뭇거리는 내 뒤로 대형버스가 달려오고 있었다. 더욱 두려워진 나는 꼼짝할 수 없을 것 같았다. 그때였다. "빵빵!" 작은 소리가 들렸다. 아니 다정한 소리였던 것 같다. 대형 버스에서 나는 소리였다. 나는 놀라 기사님을 보았고 나와 눈이 마주친 기사님은 차창 밖으로 손을 흔들었다. 천천히 움직이는 대형 버스의 높은 운전석에 앉은 기사님이 나에게 들어가라고 신호를 보내고 있었다. 고마웠다. 그분 마음이 느껴졌다. 그 어떤 대가도 바라지 않는 친절한 마음 그대로였다. 대형버스의 높은 자리여서, 얼떨떨해서, 그분의 얼굴은 기억할 수 없지만 그분의 모습은 내 마음 안에 자리 잡고 있다. 내 앞에서 서툴게 운전하는 차를 보면 그분이 생각난다. 주차할 때 그분이 생각난다. 그날, 얼굴도 모르는 그분은 내 기억 속에 영원히 친절한 사람, 아름다운 사람으로 남아 있다. 그래서 그런가 보다. 나는 지금도 대형버스를 만나면 반갑다.

수강생들은 자신이 현재 어떻게 친절한 삶을 살고 있는지, 어떻게 사랑하는 마음으로 사랑하고 있는지, 또 자신이 어떻게 바뀌어 가고 있는지, 친절한 마음으로 친절하려면, 사랑하는 마음으로 사랑하려면 어떻게 해야 하는지 자신들의 체험을 우리에게 들려준다.

친절한 사람들의 이야기

한 수강자가 말했다.

제가 교육을 받기 전에 친절은 정말 단순했습니다. 예를 들어 친절이라고 하면 '백화점 직원', '일본사람' 이런 생각들이 먼저 떠올랐고 화내지 않고 웃으면서 대해 주는 것이 친절이라고 생각했습니다. 하지만 생각해 보니 저는 친절한 마음으로 친절한 적은 거의 없고 친절해야 하기 때문에 친절했고, 친절하지 않으면 불이익을 당하기 때문에 친절했더라고요. 제가 화를 낼 때도 화낼 만하니까 화를 낸 것이고, 또 화내지 않으면 불이익을 당할 것 같아서 화냈고, 화나는 일이 생기니까 화냈다고 생각했습니다. 그러니 불친절한 것은 제 탓이 아니었죠. 이렇게 여러 가지 이유로 화낸 적은 있어도 친절한 마음으로 친절한 적은 거의 없는 것 같습니다.

수강자로 만난 간호사도 말했다.

제가 처음 간호사 캡을 썼던 몇 개월을 제외한 거의 대부분의 직장생활은 친절해야 하기 때문에, 또 친절하지 않으면 불이익을 당하기 때문에 친절했습니다. 그런데 교육을 받으면서 간호사 캡을 썼던 첫 마음으로 되돌아가자는 생각이 들었습니다. 며칠 지나지 않아서 저는 환자나 보호자들이 저와 헤어질 때의 인사가 달라진 것을 알게 되었습니다. "선생님, 감사합니다."에서 "선생님, 진심으로 감사합니다."로 바뀌었습니다.

겉으로는 '진심으로'만 더 붙었을 뿐이지만 그들의 목소리와 눈빛은 예전과 달랐습니다. 그들의 진심어린 인사는 제 직업의 가치를 높여 줍니다. 제가 친절한 마음으로 친절하니 이제 저는 온통 친절한 사람들에게 둘러싸여 살고 있습니다. 제가 꿈꾸던 삶입니다.

그러네요. 친절을 의식하며 산다는 것이 그런 것인가 봅니다. 얼마 전에 있었던 일입니다.

아이가 유치원에서 돌아오기 전에 얼른 마트에 다녀오려고 마트에 갔습니다. 카트를 꺼내려는데 동전이 없었습니다. 개똥도 약에 쓰려면 없다고 했던가요. 지갑을 다 뒤져도 100원짜리 동전이 없었습니다. 어떡하나, 아이들이 집에 오기 전에 빨리 장을 보고 가야 하는데. 마트 직원 아저씨도 보이지 않았습니다. 사방을 두리번거리는데 한 아주머니가 저를 보며 말했습니다.

"혹시 카트 필요하신가요? 이 카트 쓰시죠."

"아, 네 돈 드려야 하는데요."

"괜찮습니다. 저는 볼 일 다 봤어요."

"고맙습니다."

저는 여러 번 고맙다는 말씀을 드렸습니다. 아마 제가 친절에 대해 의식하지 않았더라면 그 아주머니의 친절을 대충 넘겼을 것입니다. '그럴 수도 있지. 100원인데. 내가 운이 좋은 거야.'

그러나 그날은 달랐습니다. 그 친절이 얼마나 귀하고 고마운지 그 깊이를 이해하게 되었습니다. 그리고 결심했습니다. 그 아주머니에게 고마움을 보답하는 길은 내가 다른 분에게 고마움을 전하는 거야. 그래서 결심했습니다. 그리고 그날 이후 저는 마트에 갈 때마다 100원짜리 동전 몇 개씩을 꼭꼭 챙깁니다. 그리고 주위를 둘러봅니다.

'혹시 그날의 나처럼 100원짜리 동전이 절실하게 필요한 분이 있을까.' 제가 두리번거리며 찾았더니 제 눈에 들어오더라고요. 저는 몇 번 그런 분들에게 기쁜 마음으로 동전을 드릴 수 있었습니다.

그러면서 느꼈습니다. 제 배려에 고마워하는 분들을 보며 제가 훨씬 더 기쁘고 행복하다는 것을요. 행복은 나누면 더 커진다는 의미를 알 것 같습니다. 이렇게 작은 행동들이 생활 속에서 조금씩 채워질수록 잔잔한 기쁨이 제 안에 가득합니다. 마트 직원은 어디 갔느냐고 불만만 가득 안고 왔던 제가 이렇게 바뀌다니요. 친절한 마음으로 친절했더니 기쁨이 선물로 따라오네요. 제 아이들에게도 이 아훈을 물려주려고 합니다.

제 동네의 슈퍼마켓 주인 할아버지가 불쾌할 정도로 까다롭고 어려웠습니다. 가끔은 바로 옆에 친절로 무장한 슈퍼를 차려서 그 가게를 망하게 하고 싶은 심술도 생겼습니다. 그런데 제 마음에 친절을 담았습니다. 제가 먼저 반갑게 인사하고 할아버지가 무거운 짐을 들고 있을 때 얼른 도와드렸습니다. 역시 변하시더라고요. 지금은 그 슈퍼에 가는 일이 즐거움이 되었습니다.

학생 수강생들이 워크숍 중에 자신의 체험을 발표했다.
"저는 오늘 지하철에서 자리에 앉았는데 할머니 한 분이 들어오셨습니다. 전에는 할머니를 보고도 아무 생각이 없었는데요, 오늘은 선생님 말씀이 생각나서 얼른 할머니에게 자리를 양보했습니다. 할머니가 정말로 기뻐하셨습니다. 저도 기분이 좋았습니다."

"제 동생은 저보다 일곱 살 어립니다. 집에만 가면 놀아달라는 동생이 귀찮아서 자주 싸웠습니다. 그런데 어제는 선생님 말씀이 생각나서 '오늘 피곤해서 20분만 놀아 줄 수 있다.'고 친절하게 말하고 신나게 놀았습니다. 그랬더니 동생이 먼저 '형 20분 됐어. 그만 놀아도 돼.' 하는 것입니다. 엄마도 제게 친절하게 대해 주셨습니다."

다음은 중학교 교사이면서 아훈 강사인 국어 선생님의 사례다.

제가 맡은 3학년 담임 반 학생들에게 1개월 동안 일기를 쓰고 발표하도록 했습니다. 일기의 제목은 '친절한 마음으로 친절하기'였습니다. 발표 중 일부를 소개합니다.

* 유정: 나는 가족, 친구, 선생님 등 모두에게 친절하게 대할 자신이 있다. 비록 지금은 가려가면서 착하게 대하지만, 이 프로젝트를 하면서 점점 모두에게 친절해질 것이다.
* 형순: 어제 인수랑 같이 놀았다. 이틀 전 다리에 깁스를 한 진휘를 데리고 20분 거리를 한 시간 반 동안 데려다 주었다. 아직 어색하다.
* 준성: 내 성격은 남이 나에게 친절하게 해 주면 나도 친절하게 해 주는 성격이어서 선뜻 남에게 친절하기가 힘들었다. 하지만 이 프로젝트를 하면서, 내가 먼저 남에게 친절하도록 노력해야겠다는 생각이 든다.
* 재현: 이 프로젝트를 시작한 지 3일째인 나는 친하지 않은 친구들에게 예전보다 더욱 부드럽게 다가갈 수 있게 되었다. 그리고 앞으로는 친구와의 관계가 원만하지 못한 인수나 남희에게 더 부드럽고 따뜻하게 다가갈 것이다. 그리고 지금도 인수에게 무슨 음식을 좋아하는지 취미 등을 물어보면서 멀었던 우리 사이의 폭을 좁혀 나가고 있다.

발표는 계속 이어졌다.

'친절한 마음으로 친절한가?'를 생각하면서 저는 작년 2월의 어느 추운 날에 있었던 일이 생각납니다. 삼척에 사는 조카들이 언니네 집에 있다고 해서 그곳으로 가는 중이었습니다. 가는 길 도로변에 70대로 보이는 노부부가 서 계셨습니다. 택시를 타려는 것 같았는데 날씨는 추운데 택시가 올 것 같은 기미가 없는 것 같았습니다. 저는 그분들을 모셔다 드리고 싶었습니다. 제가 차를 세우고 묻자 근처 10분 거리에 있는 대학병원에 가신다고 했습니다. 저는 그분들을 모셔다 드렸고, 고맙다며 꼬깃꼬깃 구겨진 천 원짜리 두 장을 주셨습니다. 물론 미소로 사양하고 10분 정도 더 돌아서 언니 집으로 갔습니다. 마음이 뿌듯했습니다. 모셔다 드린 것보다 훨씬 많은 무엇인가를 받은 느낌이었습니다. 어느 날 우연히 친구와 대화중에 그 상황을 말하게 되었습니다. 친구가 놀라며

"야, 너 그러다 사고라도 나면 그 책임을 어떡하려고." 하며 저를 걱정해 주었습니다. 그런데 저는 자신 있게 말했습니다.

"그렇긴 하지만 난 또다시 그런 상황이 오면 그때도 모셔다 드릴 거야." 하고요.

아마 그 친구도 제가 느낀 뿌듯함을 체험할 기회가 있었더라면 저와 같은 마음이었을 것입니다. 제가 그렇게 할 수 있었던 힘은 배움의 결과였던 것 같습니다. 때로는 불이익이 오더라도 '친절한 마음으로 친절한 사람'으로 뿌듯함을 채워가고 싶으니까요.

그래서 의사이자 저술가인 스테판 아인혼은 말한다.

"친절한 사람은 다른 사람을 끊임없이 의식적으로 배려하는 사람이다."라고.

그렇다. 친절은 용기이며 또한 실력이다. 이렇게 소중한 경험을 들으며, 오늘도 나는 강의할 힘을 얻는다. 수강자들의 경험은 계속 이어진다.

엄마, 엄마는 good mommy(좋은 엄마)야

병원에서 모르는 흑인 여성을 도와준 엄마에게 아이가

지난 11월 캐나다 토론토 예수성심성당 초청으로 3주간 강의를 마치고 돌아온 내게 메일 한통이 도착했다. 메일에는 그때 교육에 참가했던 한 수강생의 실천사례가 실려 있었다.

초등학교 4학년인 저의 큰아이가 목감기에 걸려 학교에 가지 못했습니다. 아이와 함께, 예약 없이 찾아간 병원은 2시간 정도 기다려야 할 것 같아 각오를 하고 느긋한 마음으로 기다리고 있었습니다. 아이도 태블릿 컴퓨터 게임으로 무료함을 달래고 있었습니다. 그때 아기를 안은 한 흑인 엄마가 제 맞은편 의자에 앉았습니다. 아기는 새근새근 잠자고 있었습니다. 20분 정도 지났을까, 아기 엄마는 갑자기 무언가 할 일이 생긴 듯 품에 잠든 아기를 어떻게 해야 할지 안절부절못했습니다. 저는 도와준다고 말할까 말까 망설였습니다. 평소에 그래 본 적이 없고 어색하기도 해서 선뜻 나서기가 어려웠습니다. 그러나 용기를 내서 영어로 말했습니다. "혹시 도움이 필요하면 제가 아기를 안고 있을까요?" 아기 엄마는 잠시 머뭇거리더니 "Thank you!(고마워요!)" 하며 아기를 제게 맡겼습니다.

얼마 만에 안아 보는, 잠든 아기의 얼굴은 천사 같았습니다. 제가 아기를 안고 있는 동안 아기 엄마는 바쁘게 유모차도 가져오고 화장실도 다녀오는 것 같았습니다. 그리고 볼일을 마치고 다시 아기를 받아 안으며 제게 따뜻한 눈빛으로 "Thank you, thank you(고마워요, 고마워요!)!" 했습니다. 그 두 번째의 'thank you'가 제게 얼마나 그윽하게 들렸는지요. 마치 세상의 모든 고마움을 다 담아 말하는 것같이 들렸습니다.

그때였습니다. 옆에서 게임에 푹 빠져 있다고 생각했던 제 아들이 저를 보며 말했습니다.

"엄마, 엄마는 good mommy야. I really respect you. I love you, Mom.(엄마, 엄마는 좋은 엄마야. 나는 정말로 엄마를 존경해요. 사랑해요 엄마.)"

제가 좋은 엄마라니요. 저를 존경하다니요. 아이에게 처음으로 듣는 말이었습니다. 아이의 놀라운 말은 감동으로, 기쁨으로 제 마음을 울렸습니다. 아이가 게임에만 몰두하고 있는 줄 알았는데. 아이가 저를 보고 있지 않아도, 자기가 좋아하는 게임을 하고 있으면서도 엄마의 행동을 전부 다 보고 있었던 것입니다. 그 순간 한줄기 섬광 같은 것이 제 머리를 스쳤습니다. '아, 이것이었구나, 교육은 하라고 시키는 것이 아니라 엄마의 행동으로, 몸짓으로 보여 주는 것이구나, 그래서 아이가 스스로 깨닫도록 하는 것이구나.' 이런 생각이 들자 이 프로그램을 토론토에서 만나게 해 준 모든 분들에게 참으로 감사한 마음이 들었습니다.

그리고 제 남편 얘기입니다. 목요일의 아훈 특강을 들은 남편은 이미 잡힌 손님과의 약속 시간까지도 바꾸어 가며 주말 특강을 또 들었고, 저와 아이들을 집에 데려다 주고 급하게 나갔습니다. 피곤할 텐데 약속을 지키려 나가는 남편이 고맙고 안쓰러웠습니다. 그러나 저는 쌓였던 피로 때문에 푹 낮잠이 들었습니다. 얼마나 지났을까, 남편이 조심스럽게 저를 깨웠습니다.

"여보, 어서 일어나 봐. 뜨끈할 때 어서 와서 먹어. 식기 전에."

눈을 비비고 나가 보니 아이들이 좋아하는 빵과 캐나다에선 비싸기도 하지만 사기도 쉽지 않은 순대가 뜨끈한 김으로 모락모락. "이럴 수가!!" 남편에 대한 고마움과 기쁨이 찡 가슴으로 와 닿았습니다. 그렇게 맛있게 식사를 하고 저는 또다시 밀려드는 피로와 함께 일찍 잠이 들었습니다. 그리고 다음날 아침, 시계 알람이 울리고, 식사 준비와 아이들 도시락을 싸려고 부엌에 불을 켠 순간 가스레인지 위에 놓인 커다란 들통 두 개가 눈에 들어왔습니다. 밤새 달그락 소리 하나 없이 끓여 놓은 얼큰한 육개장과 아직 매운 음식을 잘 먹지 못하는 아이들을 위한 맑은 국물의 갈비탕이었습니다.

"세상에… 냄비뚜껑 여닫는 소리 한 번 못 들었는데."

평소에도 요리를 잘해 주는 남편이지만 그날 아침은 특별한 느낌, 특별한 순간이었습니다. 시간도 없었을 텐데, 고사리와 고구마 줄기까지 넣은 육개장이라니요. 저는 맛있게 먹는 세 아이들에게 말했습니다.

"얘들아, 우리가 잠자는 사이에 아빠가 우리에게 주려고 밤새 이걸 만들어 놓으셨네."

아이들은 모두 환한 미소로 엄지손가락을 치켜들고 최고라는 표시를 하며 기뻐했습니다. 아빠가 좋기는 하지만 무섭다던 큰아이는 두 손을 포개어 가슴에 얹고 지그시 눈을 감았습니다. 아빠에 대한 감사의 기도를 하는 것 같았습니다. 아빠의 사랑을 흠뻑 머금은 듯 아이들 얼굴에도 사랑이 가득했습니다.

이렇게 아훈 교육은 일상의 소소한 일들을 따뜻하게 변화시켜 주는 힘이 있었습니다. 아훈을 배운 지 비록 오래 되지 않았지만 저희 부부의 변화는 상당한 것이었습니다. 어느 자매님과 얘기하면서도 옆에 앉은 자매님 아이에게 말했습니다.

"준하야, 엄마랑 둘이서 있고 싶었을 텐데, 이모가 엄마를 빼앗은 것 같아 미안하네. 그리고 엄마랑 얘기하게 해 줘서 고마워."

아이는

"괜찮아요."

하며 싱긋 웃었습니다. 저는 아이의 눈빛에서 볼 수 있었습니다. 반짝이는 눈에서 자긍심과 여유로움이 피어오르는 것을요. 아훈은 저를 따뜻한 사람이 되고 싶도록 변화시켜 주었습니다. 아훈은 무덤덤한 일상을 특별한 일상이 되도록 깨워 주었습니다. 선생님에게 들은 강의 내용, 열심히 익혀서 우리의 날갯짓이 다른 이들에게 긍정적인 영향이 되는 큰 바람이 되도록 열심히 살겠습니다. 신부님, 감사합니다. 선생님, 고맙습니다.

먼 데서 온 메일을 읽으며 왜 그렇게 눈물이 나는지. 나 또한 감사드린다.

캐나다 토론토에서 강의하게 도와준 모든 분들에게, 병원에서 아기 엄마가 베로니카 자매님에게 했던 말을 내가 다시 한다.

"Thank you, 그리고 세상의 모든 고마움을 담아 다시 한 번 Thank you!"를.

친절을 베풀면, 베푸는 사람과 함께하는 사람 모두에게 기쁨이 된다는 것은 바로 이런 것이 아닐까? 여성 최초로 대서양 횡단비행에 성공한 조종사 아멜리아 에어하트는 말했다.

"세상의 어떤 선행도 그 자체로 끝나지 않는다. 하나의 선행은 또 다른 선행으로 이어진다. 한가지의 선행은 뿌리를 사방으로 뻗어 나가고 그 뿌리가 싹을 틔워 새로운 나무로 자라난다. 남에게 친절을 베푸는 것의 가장 좋은 점은 자기 자신이 선해진다는 것이다."

사랑하는 마음으로 사랑하기

사랑해야 하기 때문에 하는 사랑과, 사랑하지 않으면 문제가 생기기 때문에 하는 사랑과, 사랑하는 마음으로 하는 사랑의 차이는 무엇일까.

우리는 죽음이 얼마 남지 않아서야 비로소 우리 자신의 삶에서 가장 중요한 질문이 무엇인지 알게 된다. 『모리와 함께 한 화요일』에서 모리 슈워츠 교수는 루게릭 병을 앓으며 죽어가는 시간을 제자인 미치 엘봄과 함께 보내며 말한다.

"나는 죽어가고 있지만 날 사랑하고 염려해 주는 사람들에 둘러싸여 있지. (하지만) 사랑하는 사람들에게 둘러싸여 산다고 자신있게 말할 수 있는 사람이 과연 몇이나 될까?"

나는 사랑하는 사람들에게 둘러싸여 산다고 생각하는가, 내가 사랑하는 사람들은 나에 대해 어떤 생각을 하고 있을까.

한 수강자가 말했다.
제 아이는 어느 날 이렇게 말하더라고요.
"엄마, 어른들은 참 좋겠어요. 저도 빨리 어른이 되고 싶어요."
"왜? 어른이 뭐가 좋은데?"

"어른들은 마음대로 화를 낼 수 있잖아요. 그리고 자기가 화나면 아이들을 마음대로 때리기도 하고 집어던지기도 하잖아요. 그래도 혼나지 않잖아요. 아이들은 화내면 어른들한테 더 많이 맞잖아요. 그래서 어른이 좋죠."

그는 얼굴을 붉히며 말했다.
"아이한테 정말 창피했습니다. 미안했습니다. 제가 아이를 집어 던지기도 했거든요. 덜 딱딱한 곳이기는 했지만요."

다른 수강자도 말했다.
유치원에 다니는 아이가 제가 좀 달라지는 걸 눈치 챘는지 잠자리에서 묻더라고요.
"엄마, 오늘 내가 친구한테 나쁜 말을 했는데 생각해 보니까 후회가 됐어요. 엄마는 후회되는 일이 없어요?"
가만히 생각해 보니까 아이에게 했던, 정말 후회되는 일이 있었습니다. 저는 말했습니다.

"응. 엄마가 생각해 보니까 네가 다섯 살 때 너를 가르친다고 내복만 입은 너를 집에서 나가라고 현관문 밖으로 내보냈던 일이 있는데 지금은 후회가 돼."

"문을 쾅 닫고 잠궜잖아요."

그 말을 하고 아이가 돌아눕더니 갑자기 울기 시작하더라고요. 얼마나 흐느껴 우는지 아이를 안고 한참 동안 달랬습니다. 흐느끼는 아이의 아픔이, 그리고 외로움이 제 뼈 속으로 스며들었습니다. 함께 울었습니다. 지금이어도 제가 배우지 않았다면, 그래서 제가 뭘 잘못했는지 몰랐다면 앞으로도 아이가 흐느껴 울 일을 얼마나 많이 만들었을까요.

나는 수강생들의 이야기 속 아이들이 행복해서 통통 튀는 모습을 그리며 오늘도 기도드린다.

"주님, 오늘도 저를 당신의 도구로 써 주셔서 고맙습니다."

엄마, 저 또 오줌 쌌어요

이불에 자주 실수를 하는 여섯 살 아들이

여섯 살인 유치원생 승훈이는 요즘 들어 자주 이불에 쉬를 합니다. 저는 다 큰 녀석이 소변을 가리지 못하는 것 같아 화도 나고 걱정이 됩니다. 그날 아침에도 일어나더니 죄 지은 표정으로 힘없이 제게 다가오며 말했습니다.

승훈: 엄마… 저요, 이불에 또… 오줌 쌌어요.

엄마: ???

이런 상황에서 평소에 했던 대화입니다.

승훈: 엄마… 저요, 이불에 또… 오줌 쌌어요.

엄마: 또오??? (끝이 하늘만큼 올라갈 정도로 소리를 높였습니다.)

이부자리를 만져 보니 이불 저 아래쪽까지 흥건하게 젖어 있었습니다.

엄마: 야! 너 이게 도대체 몇 번째야? 엄마가 쉬 나올 것 같으면 발딱발딱 일어나라고 했어? 안 했어? 동생 좀 봐, 동생은 네 살인데 이제껏 한 번도 그런 적이 없는데. 너는 어떻게 된 게 만날 이 모양이야!

승훈: (울먹이며) 내가 분명히 일어났는데, 화장실 가려고 했는데. 쉬가 그냥….

엄마: 으이그! 몰라, 몰라, 몰라, 네가 이불 다 빨아! 그리고 이제부터 동생한테 형이라고 불러!

승훈이 엄마가 승훈이의 배뇨 실수를 줄이고 또 끝내기 위해서 위와 같은 방법으로 계속 교육하려고 했다면 승훈이는 엄마를 어떤 엄마로 기억하게 될까.

승훈이는 무엇을 배울까. 우선 승훈이 엄마는 승훈이의 배뇨 습관을 고치기 위해 거짓말을 한다. 승훈이가 만날 실수를 하지 않기도 하지만 승훈이 동생이 지금까지 배뇨 실수를 한 번도 하지 않았다는 것은 거짓말인 것이다. 여섯 살인 승훈이는 엄마의 거짓말을 모르고 지나갈까. 이런 대화를 계속하면 승훈이가 엄마의 사랑과 존중, 이해를 느낄 수 있을까.

여기서부터 아이들은 부모에 대한 불신을 키우게 되는 것이다. 어머니를 불신하면서 어머니를 존중하고 존경할 수 있을까. 어머니를 무시하는 마음이 점점 쌓이면 승훈이와 어머니의 관계는 어떻게 될까. 승훈이 어머니는 말한다.

제가 배우면서 결심하고 또 결심을 했지만 흥건히 젖은 이불을 보면 엄청 화가 났습니다. 젖은 이불은 당장 빨아야 하고, 혹시 아이가 아픈지 심리적으로 문제가 있는지 불안하기도 하고, 게다가 아침부터 엄마에게 야단맞고 시무룩하게 힘없이 유치원에 갈 아이 얼굴을 상상하면 분노를 멈출 수가 없었습니다. 그 모든 불안과 걱정을 아이에게 쏟았습니다. 그리고 자식 키우는 엄마는 그래도 된다고, 그럴 권리가 있다고 생각했습니다. 그러나 그날은 화내지 않으려고 결심했습니다. '아이가 이렇게 배뇨 실수를 하는 것도 지나고 보면 한때일 텐데, 기쁜 마음으로 이불을 빨자.' 그리고 아이에게 어떻게 도움이 될까를 생각하며 말했습니다.

승훈: 엄마… 저요, 이불에 또… 오줌 쌌어요.
엄마: (따뜻한 눈빛으로) 저런!
승훈: 꾹 참고 아침까지 참았는데 갑자기 빡~ 혼자서 나왔어요.

'그러니까 참긴 왜 참아! 참지 말고 화장실을 가야지.'
꾹 참았다는 얘기를 듣자 또다시 화나려는 자신을 다독이며 말했습니다.

엄마: 그랬구나. 승훈이가 참으려고 많이 노력했는데도 소변이 그냥 나와 버렸구나.
승훈: 네.

엄마: 승훈이가 많이 당황스러웠지, 참으려고 노력했는데도 소변이 그냥 나와 버려서 말이야. 엄마한테 혼날까 봐 걱정도 되고. (엄마가 이불 빨아야 하니까 미안하기도 하고.)

승훈: 네. 엄마, 그거예요. 바로 그거요!

그 순간 아이의 시무룩했던 얼굴이 환해졌습니다. '그래, 바로 이거였구나. 엄마한테 이해받았을 때의 아이 마음이 이것이었구나.' 저는 미안한 마음으로 계속해서 말했습니다.

엄마: 그래~ 승훈아, 엄마가 정말 미안해. 그동안 승훈이도 실수 안 하려고 많이 노력했을 텐데, 엄마가 그걸 몰라주고 막 혼내고 화내서 말이야. 엄마가 너를 사랑하는 마음을 화로 표현하는 게 아니라 사랑으로 표현했어야 했는데. 엄마, 미안해. 그리고 엄마가 어떻게 너를 도울 수 있을지 생각할게. 자~ 씻으러 갈까?

아이를 유치원에 보내고 이런저런 걱정을 하는데 유치원에서 돌아온 아이는 아무 일 없는 듯 동생과 잘 놀고 있었고 저는 저녁을 준비하고 있었습니다. 그러다가 승훈이가 문득 제게로 달려와 말했습니다.

승훈: 엄마~ 이거요.

엄마: ???

올 가을, 승훈이는 유치원에서 풋살 대회가 있었는데 그 대회에 참가한 어린이들에게 준 트로피와 메달이 있었습니다. 승훈이는 그 메달과 트로피 그리고 제 얼굴을 그린 종이 한 장을 내밀면서 말했습니다.

승훈: 엄마~~ 엄마가 아침에 화내지 않고 잘 참고 이야기해서 내가 고마웠어요. 엄마가 이민정 선생님 '인간훈련'(아름다운 인간관계 훈련을 잘못 기억함) 공부를 잘해서 내가 상 주는 거예요. 엄마 사랑해요.

저는 정말 놀랐습니다. 아이가 제게 상을 주다니요. 저는 아이가 배뇨 실수를 할 때마다 다그치고 윽박지르고 혼내고 또 두 살 아래 동생을 형이라고 부르라고 하고, 그러면 승훈이의 습관이 제 뜻대로 빨리 없어질 거라고 생각하고 아이를 닦달했습니다. 그게 옳은 방법이라고 생각했습니다. 그러나 아이가 제게 상을 준 그날 이후 두 번밖에 실수하지 않았습니다. 아이가 잠자기 전에,
"엄마, 잠자기 전에는 물을 마시지 않고 쉬야는 꼭 하고 잘게요."
합니다. 저는 생각했습니다. '20년이나 30년 뒤, 아이가 이불 위에 실수했던 기억이 떠오르면 나를 따뜻한 엄마라고 기억할까.' 마음이 아팠습니다. 딱 한 번, 자신을 이해해 준 엄마에게 상을 주고 격려해 주는 여섯 살 아들에게서 저는 너그러움을 배웠습니다. 이제

는 정말로 나의 사랑의 그릇을 키워야겠다는 결심을 하게 되었습니다. 특히 저를 깨어 있게 하는 것은 승훈이가 그린 그림입니다. 제 얼굴의 눈썹을 반달 모양으로 진하고 크게 그린 웃는 모습의 눈이었습니다. 아이가 그린 엄마 모습에서 웃고 있는 제 얼굴을 그린 것은 그때가 처음이었습니다. 언제나 제 눈꼬리는 화난 듯 위로 올라가 있었습니다.

그 이후 거의 일 년 동안 두 번의 실수밖에 하지 않은 아이에게 또 뜻밖의 일이 생긴 겁니다. 며칠 전에 있었던 일입니다. 밤 12시경, 제가 컴퓨터에서 작업을 하고 있었는데 잠자던 승훈이가 일어났습니다. 저는 얼른 승훈이 곁으로 가서,

"승훈아, 쉬 마려워?"

하는데 어디선가 이상하게 퀴퀴한 냄새가 났습니다. 얘가 방귀를 뀌었나 하는데 아이는 잠에서 깬 것도 같고, 아닌 것도 같고, 또 깨긴 깼는데 잠에 취한 것 같기도 했습니다. 얼른 팬티를 벗기는데 뭔가 뭉클 만져졌는데 옷을 완전히 벗겼더니 대변이 뭉개져서 팬티에 묻어 있었습니다. 너무 역해서 구역질이 나올 것 같았습니다.

세상에, 아이들이 잠자다 쉬야 한다는 말은 들었어도 응가 한다는 말은 들어보지 못했습니다. 더욱이 일곱 살 아이가요.

그런데 그 순간 응가 한 모습이 아니라 아들이 보였습니다.

"어? 승훈아, 괜찮아? 괜찮은 거야? 꿈 꿨어? 배가 아파?"

저는 조심스럽게 아이를 안고 화장실에 가서 씻겼습니다.

아이를 세면대에 올려서 물로 씻겨 주려는 순간 아, 내가 지금 이 순간을 위해 지난 3년간을 그렇게 훈련했었구나. 배우지 않았으면 당황하고 난처해하는 아이에게 '네가 제 정신이야? 어디라고 지금 똥을 싸! 똥을 싸긴. 이불인지 화장실인지 분간도 못해? 그렇게 정신이 없어서 어떡하려고 그래!' 하면서 아이 등짝이 갈라질 만큼 때리면서 어둠의 구렁텅이로 몰아넣었을 것을요. 그런데 지난 3년 열심히 배우고 훈련했더니 그 순간에 승훈이를 온전히 사랑할 수 있구나, 하는 생각이 들면서 계속 눈물이 흘렀습니다. 화내지 않는 자신에게서 그동안의 많은 고통을 다 보답받은 듯했습니다.

다음날 너무나 궁금해서 살짝 물어보았더니 알고는 있지만 말할 수는 없다는 듯 배시시 웃기만 했습니다. 그러나 '너 왜 그랬어? 왜? 왜 그랬느냐고?' 하면서 캐묻지 않았습니다. 언젠가 승훈이가 웃으면서 말할 날이 오겠지. 그날은 승훈이가 아빠가 된 다음일 수도 있겠지만 저는 사랑을 가득 담은 마음으로 기다릴 수 있습니다. 기다릴 수 있는 힘과 여유가 생겼습니다. 일곱 살인 승훈이는 제게 말하더라구요.

"엄마, 저 아훈 강사가 되고 싶어요. 왜냐하면 내가 나중에 아빠가 될 거잖아요. 그러면 엄마가 우리를 사랑해 주는 것처럼 아이들을 사랑하는 아빠가 되고 싶어서요."

승훈이는 제 후배가 되려나 봅니다.

사랑하는 마음으로 사랑할 수 있다는 것은 얼마나 큰 힘인가.

승훈이 어머니는 승훈이를 이해하기 위한 절제를 3년간 훈련했다. 포르니 교수는 말한다.

"착한 성품은 노력을 통해 형성해야 하는 기질이지 나면서부터 갖고 있거나 하루아침에 생성되는 성격은 아니다."

여섯 살인 승훈이는 이불 위에 실수했던 날, 또 응가 했던 날을 기억하며 어머니의 끊임없는 노력으로 따뜻하게 이해받았던 어머니의 사랑을 깨닫게 될 것이다. 이해의 힘이 사랑임을 배울 것이다. 승훈이가 세상을 살아가면서 배워야 할 모든 것들 중, 가장 중요한 삶의 철학인 이해와 이해받음을 배우게 될 것이다.

나는 승훈이 마음이 되어 외친다.

"아름다운 승훈이 어머니, 승훈이를 사랑해 줘서 고마워요. 사랑해요."

아버지는 아셨을 거야, 내가 의무감으로 간호했다는 것을

외국에서 다니던 회사를 그만두고 귀국해 아버지를 간호했던 딸이

제 친구가 아버님이 위독하시다는 말을 듣고 해외에서 근무하던 회사에 휴가를 신청했으나 받아들여지지 않아 회사를 그만 두고 한국으로 와서 병간호를 했습니다. 그 뒤 안타깝게 아버님이 돌아가셨습니다. 제가 친구에게 위로의 말을 했습니다.

"네가 정말 애썼구나. 아버님은 너의 사랑과 정성을 아실 거야. 그래서 편안히 가실 수 있으셨을 거야."

그런데 제 말을 들은 친구는 뜻밖의 말을 했습니다.

"아니야. 그게 아니야, 아버님은 아셨을 거야. 내가 사랑해야 하기 때문에 의무감으로 간호했다는 것을. 그게 가장 가슴이 아파. 나도 어쩔 수 없더라구. 노력했지만 사랑하는 마음이 생기지 않는 거야."

말을 마치고 친구는 서글프게 울었습니다.

나이 드신 부모님을 사랑하고 싶지만 사랑하는 마음이 들지 않을 때의 느낌은 어떨까. 돌아가신 부모님을 생각하며 눈물을 흘리고 싶어도 눈물이 나지 않을 때의 느낌은 어떨까. 갇혀버린 슬픔, 억눌린 감정으로 서로를 안타깝게 만드는 그 이유는 부모에게 있는 것은 아닐까. 부모는 자녀를 사랑하는 마음으로 훈계하고, 설득하고, 남과 비교하고, 평가하고 비판하면서 판단하여 부족하고 잘못된 점을 빨리 고쳐 주려고 한다. 그러나 온전한 사랑은 자녀의 불완전함과 부족함을 기다려 줄 수 있어야 한다. 아이들 안에 잠재해 있는 완전함과 아름다움을 보고 그 잠재력이 나타날 때까지 기다려 줄 수 있는 준비가 되어야 자녀를 온전히 사랑하는 부모가 될 수 있다. 이러한 사랑의 힘은 그대로 자녀에게 전해진다. 그러나 부모의 사랑을 느끼지 못하고 자란 자녀가 스스로 사랑하는 방법을 배우고 그 사랑을 부모에게 되돌리는 것은 무척 어려운 일이다. 부모가 자녀를 사랑하여 외국 유학까지 다 뒷바라지해 주었지만 그런 부모님을 사랑하는 마음으로 간호할 수 없어 그는 괴로워했다.

그래서 모든 부모는 『모리와 함께한 화요일』에 나오는 모리 교수의 말을 음미하며 살아야 하지 않을까. 모리 교수는 루게릭 병 때문에 천천히 죽음을 맞이하며 제자에게 이렇게 말한다.

"내가 이 병을 앓으며 배운 가장 큰 것을 말해 줄까?"

"뭔데요?"

"사랑을 나눠 주는 법과 사랑을 받아들이는 법을 배우는 것이 인생에서 가장 중요하다는 거야."

"의미 없는 생활을 하느라 바삐 뛰어다니는 사람들이 너무도 많아. 자기들이 중요하다고 생각하는 일을 하느라 분주할 때조차도 반은 자고 있는 것 같다구. 그것은 그들이 엉뚱한 것을 쫓고 있기 때문이지. 자기의 인생을 의미 있게 살려면 자기를 사랑해 주는 사람들을 위해 바쳐야 하네. 자기가 속한 공동체에 헌신하고, 자신에게 생의 의미와 목적을 주는 일을 창조하는 데 헌신해야 하네."

죽음은 우리가 살면서 무엇이 가장 중요한지를 알려 준다. 이 중요한 내용을 조금이라도 일찍 배우기 위해 아훈은 준비되었다.

자애로우면서 엄격한 부모의 모습은?

초등학교 4학년인 혜연이가 밤 11시가 넘어서 말한다.
"엄마, 선생님이 내일까지 리코더 가져오래요."

허용적인 엄마의 대답

'그래. 그럴 수도 있어. 아직 어리니까 잊어버릴 수도 있고말고, 엄마가 알아서 할 테니까 넌 빨리 들어가서 자. 부모가 자식을 위해서라면 무슨 일인들 못 해 주겠는가. 그래. 너는 그냥 잠만 자면 돼. 엄마가 힘들지만 너를 위해서는 무엇이든 다 하는 것이 엄마의 사랑이니까. 다 해 줄게.' 하는 마음이라면 다음과 같이 말한다.

"그래. 알았어. 혜연아, 엄마 얼른 준비해 줄게. 넌 걱정 말고 빨리 가서 잠 자."

그러나 이런 말을 듣는 혜연이는 어떤 생각을 하게 될까, '세상은 내 맘대로 해도 되는 거야.' 이렇게 성장하면 어떤 품성을 키우게 될까. 자신이 해야할 일을 자신이 스스로 책임 있게 행동하게 될까. 다른 사람의 입장을 생각하게 될까, 초등학교 4학년이 아직 어리다면 언제부터 본인이 하도록 할 것인가.

권위주의적인 엄마의 대답

"지금 얘기하면 어떡해. 준비물은 미리미리 챙겼어야지. 4학년이나 됐으면서 아직까지도 미리 챙기는 습관이 안 돼 있으면 어떡해? 네 일은 네가 알아서 해. 엄마는 몰라, 네가 벌을 받더라도 그건 네 책임이야."

혜연이는 이렇게 말하는 어머니에게서 사랑받는다고 느끼게 될까? '이분이 나를 사랑한다는 엄마 맞아? 내가 벌을 받더라도 모른다고? 잘잘못을 따져서 잘못은 반드시 책임지게 한다고. 그러니까 엄마는 한 번도 실수한 적이 없어. 그래, 나도 엄마 어떻게 하든 상관하지 않을 거야.' 사건을 이렇게 풀어 가는 아이는 다른 사람의 어려움을 헤아릴 수 있을까.

허용적이면서 권위주의적인 엄마의 대답

"넌 맨날 엉뚱한 데 정신 팔고 다니다가 밤늦게 얘기하더라. 오늘만 엄마가 봐 주는 거야, 다음엔 네가 선생님께 매를 맞든 벌을 받든 절대로 안 사 줘. 알았어!"

이런 말을 듣는 혜연이는 어떤 생각을 하게 될까, 필요한 걸 해 주긴 하지만 화내는 엄마에게 고마운 마음이 들까. 오늘만 봐 준다고 하면서 늘 해 주는 엄마. 엄마 말을 어떻게 믿어. 혜연이는 화내면서 해 주는 엄마 말을 들으면서 다음에는 이런 실수를 하지 말아야지 하는 책임감이 생길까. 혜연이는 어머니에게서 무엇을 배우게 될까.

자애로우면서 엄격한 엄마의 대답

"혜연이가 낮에 말하는 걸 깜빡 잊었구나. 그런데 지금은 밤 11시가 넘어서 잠잘 시간인데 어떡하나. 내일은 언니에게 물어보고 언니 것 가져가면 어때? 아니면 아침 일찍 일어나서 학교 가는 길에 사면 어떨까."

이 말을 듣는 혜연이는 어떤 생각을 하게 될까. '아! 내가 깜빡 잊어서 문제가 되네. 그럼 나는 어떤 방법으로 이 문제를 해결하지. 내가 깜빡 잊었으니까 내가 어떻게 하지. 언니 것을 빌려? 아침 일찍 일어나서 학교 가는 길에 사는 방법? 이런 문제가 생기니까 다음엔 잊어버리면 안 되겠네.

이렇게 자신을 이해하며 도와주려는 어머니에게서 자신의 잘못을, 자신이 어떻게 문제를 풀어야 하는지, 방법을 생각하게 되지 않을까.

부모는 자녀가 부모로부터 이해받고 있고, 존중받고 있고, 사랑받고 있다고 느끼도록 해야 한다. 그 사랑 안에서 자신의 문제를 스스로 풀 수 있도록 부모는 자애로우면서 엄격함을 지닌 부모 역할을 할 수 있도록 준비해야 한다.

2장 인간관계에서 내가 바라는 나의 모습

엄마, 오빠가 때렸어요

오빠와 잘 다투는 동생이 또 오빠랑 다투고 나서

나는 과연 내가 만나는 사람들과의 관계에서 내가 꿈꾸는 아름다운 만남을 이루고 있는가. 인간관계를 지혜롭게 맺고 있는가. 이 장에서는 어떻게 행복한 관계를 맺고 있는지 내가 원하는 행복한 인간관계는 어떤 모습인지 몇 가지 사례에서 찾아 본다. 다음의 사례에서는 배우기 전의 대화와 배운 다음의 대화의 차이는 어떤 결과로 이어지는지, 그 달라진 대화의 결과는 내가 원하는 미래의 모습인지 알아본다.

다음 상황에서 부모는 자녀의 불만을 어떻게 이해하고 문제가 잘 풀리도록 대화할 것인가?

초등학교 3학년인 진수와 유치원생인 진희는 잘 놀다가도 자주 다툰다. 그럴 때마다 엄마는 오빠가 동생을 다독거리며 사이좋게 놀기를 원한다. 그리고 엄마도 아이들을 잘 도와주는 엄마가 되고 싶다.

진희: 엄마, 오빠가 때렸어요.

엄마: (아들을 쏘아보며) 동생 때리지 말고 타이르지 그~랬~어~!

진수: 쟤가 말로 해서 안 들으니까 그렇잖아요.

엄마: 그럼 네가 때린 게 잘했다는 얘기야! 너 정말 왜 그래?

진수: 누가 잘했대요? 엄마는 잘 알지도 못하면서 무조건 진희 편만 들잖아요.

엄마: 네가 잘해봐라. 그럼, 엄마가 네 편 안 드나.

진수: 아이참! 엄마는 맨날 나만 갖고 그래요!

엄마: 아이참이라니? 저 말 버릇 좀 봐! 어서 가서 숙제 하지 못해!

진수가 울면서 방으로 들어간다. 어머니는 진수를 쫓아가서 한바탕 하려고 했지만 아훈 교육을 받는 중이라 참는다.

저는 늘 아이들과 대화가 이렇게 이어지는데요. 제가 뭘 잘 못하는 겁니까? 동생 때리지 말고 타이르라고 했는데 꼬박꼬박 말대꾸하는 이제 초등학교 3학년밖에 안 된 아들을 제가 어떻게 해야 하는지요? 정말 아이들이 어서 빨리 커서 어른이 되었으면 좋겠어요. 어른이 되면 좀 덜 싸우지 않겠어요. 정말 아이들 버릇 가르치기 힘드네요.

위에서 엄마와 진수의 대화는 어떤 결과를 가져올까. 진수는 동생 진희를 사랑하는 마음으로 사랑할 수 있을까. 또 진수는 엄마로부터 이해받는다고, 사랑받는다고, 존중받는다고 느낄 수 있을까. 그리고 동생 진희는 오빠를 좋아할 수 있을까. 진희는 자신의 편을 들어주는 엄마가 공정하다고 생각할까. 진수와 진희는 위의 작은 사건을 통하여 많을 것을 잃게 될 수 있다.

그리고 모든 부모는 바란다. 사랑하는 아이들이 싸우지 않고 서로 사랑하기를. 모든 아이들도 바란다. 사랑하는 부모가 싸우지 않고 서로 사랑하기를. 그러나 어른인 부모는 싸우지 않고 서로 사랑하는가. 어른인 정치가들은 국회에서 싸우지 않고 사건을 해결하는가.

아이일 때 싸우며 자란 자녀가 어른이 되면 저절로 싸우지 않고 사랑하는 방법을 알 수 있을까. 모르는 것을 실천할 수 있을까.

그렇다면 위와 같은 상황에서 지혜로운 엄마의 역할은 어떤 모습일까? 그리고 위 상황에서 남매는 각각 어떻게 다투지 않고 문제를 해결할 것인가?

우선 어머니가 했던 행동의 결과를 생각해 본다.

무슨 이유인지는 모르지만 오빠에게 맞은 동생이 엄마에게 도움을 요청한다. 엄마는 동생의 이야기만 듣고 동생을 때린 오빠를 나무란다. 동생을 때릴 만한 이유와는 상관없이 때린 행동만 평가하는 것이다. 오빠는 억울하다. 가슴이 답답하다. 오늘 일로 다음에 동생을 때리지 않고 말로 타이르면서 사이좋게 지내고 싶은 마음보다는 언젠가 오늘 답답했던 마음을 보복하고 싶은 심술만 쌓이게 된다.

위 상황에서 두 아이에게 도움이 되려고 했던 엄마의 행동은 오빠에게만이 아니라 동생에게도 도움이 되지 않는다. 동생이 가져온 문제를 엄마가 혼자 맡아서 해결해 주면 동생은 배운다. 어떤 일이든 엄마에게 이르기만 하면 엄마가 '문제를 해결해 주신다.'고 생각한다.

동생인 진희는 언제쯤 본인의 문제를 본인 스스로 해결하게 될까. 진희는 그 해결 방법에 대해 배우지 않아도 나이가 들면 저절로 알게 될까.

그렇다면 위 상황에서 어머니는 어떻게 진희를 도와주어야 할까? 엄마에게 하소연하는 진희에게 엄마는 말한다.

진희: 엄마, 오빠가 때렸어요.
엄마: (진희에게) 저런! 진희가 오빠에게 맞아서 아프구나.
진희: 네, 엄마. 오빠 때려 주세요.
엄마: 그래. 엄마가 오빠를 때려 주면 진희의 서운한 마음이 풀리겠다고.

진희: 네. 그러니까 오빠 때려 주세요.

엄마: 그래. 그런데 엄마는 지금 진희의 말을 들으니까 참 난처하네.

진희: 왜요?

엄마: 왜냐면 엄마는 진희 말만 듣고 오빠를 때릴 수 없거든. 엄마가 네 말을 들었으니까 오빠 말도 들어야 해.

진희: ….

진희는 생각하게 될 것이다. 오빠가 자신을 때린 이유가 있을 것이고 그 이유를 진희는 알고 있을 것이기 때문이다. 진희는 엄마가 자신의 이야기만 듣고 판단하여 자신의 편만 들어주던 방법이 통하지 않는다는 것을 배우게 된다. 진희는 자신과 오빠를 공평하게 대해 주는 엄마의 행동을 배우고 따라하게 될 것이다. 진희는 차츰 자신의 문제를 자신이 해결해야 한다는 것을 배우게 될 것이다.

그러나 이 상황에서 진희는 다음과 같이 말할 수도 있다.

"알았어요, 엄마. 그럼 오빠 말도 들어보세요! 들어보세요!" 그러면 엄마는 다음과 같이 말한다. "진수야, 이리와 봐. 왜 또 진희를 때렸어? 왜 때렸냐구. 말로 타일러야지." 이 말을 들으면 진수는 "재가 말로 해서 안 들으니까 그렇잖아요." 하고 다시 처음의 대화로 되돌아간다. 그러므로 다음과 같이 말해야 한다.

엄마: 진수야, 엄마가 궁금한 일이 있는데 지금 얘기해도 될까?

진수: 네, 엄마.

엄마: 진희가 오빠에게 맞아서 아프다고 하는데 엄마는 그 이유를 알고 싶어.

진수: 저는 진희가 빌려 달라고 하면 빌려 주는데 진희는 제가 빌려 달라고 하는데 빌려 주지 않잖아요.

엄마: 그래, 그런 이유로 진희를 때렸구나. 엄마는 진희가 오빠에게 맞아서 아프다고 하고 진수는 그런 이유로 동생을 때리고 이럴 때 엄마는 어떻게 해야 할지 참 난처하네.

진수: 알았어요. 제가 때린 건 잘못했다고 사과할게요.

엄마: 그래, (진희를 보며) 진희야. 오빠가 너를 때려서 미안하다고 사과하면 네 서운한 마음이 풀리겠니?

진희: 알았어요, 엄마. 오빠, 나도 미안해. 이거 빌려 줄게.

진수: 고마워.

엄마: 고맙다. 엄마는 너희들이 서로 사이좋게 지낼 때 가장 기쁘고 행복해. 엄마를 기쁘게 해 줘서 고마워.

엄마의 도움을 받아 이렇게 몇 번의 대화가 이루어지면 진수와 진희는 알게 될 것이다. 두 아이가 서로 사랑할 때 엄마가 기쁘고 행복하다는 것을. 그리고 엄마가 화내지 않고 진희의 말도 들어주고 또 오빠의 말도 들어준다는 것을 배우면서 아이들도 엄마의 모습을 닮게 될 것이다. 진희는 문제가 있을 때 엄마에게 찾아가지 않고 다음과 같이 오빠와 대화하며 달라질 것이다.

진희: 오빠, 오빠가 나랑 같이 놀아 주지 않으니까 나 혼자 심심하단 말이야.

진수: 내가 친구들이랑 축구할 때 같이 하겠다니까 그때는 안 된다고 했잖아.

진희: 그러니까 내가 공을 주워 준다고 했잖아.

진수: 알았어. 다음엔 그런 일 시켜 줄게. 그런데 네가 화가 난다고 내가 아빠에게 맞은 이야기를 친구들 앞에서 하니까 내가 창피하단 말이야.

진희: 알았어. 오빠가 놀 때 나도 같이 놀게 해 주면 그런 얘기 하지 않을게.

진수: 알았어. 미안해.

진희: 나도 미안해, 오빠.

엄마: 얘들아, 고맙다. 엄마의 숙제를 해결해 줘서. 엄마는 너희가 사이좋게 지낼 때 가장 기쁘고 행복하거든. 고마워.

두 사람은 화가 날 때 잠시 멈추고 '무엇을 말할까?'를 생각하고 말한다. 나를 화나게 하는 상대방의 행동을 이야기하고 그때 나의 생각이나 느낌을 이야기한다.

'친구들 앞에서 아빠에게 맞았던 얘기를 하니까(행동) 많이 창피했어(느낌).'를 말하고 너의 행동이 나에게 어떤 영향을 끼쳤는지를 말하는 것이다. 즉 너의 행동이 내가 너를 때리고 싶게 만든다는 이유를 말하는 것이다.

또한 엄마가 마지막에 한 말은 두 아이에게 위로가 된다. 남매가 다투었는데도 문제를 잘 풀면 엄마를 기쁘게 할 수 있다는 희망을 갖게 된다. 그리고 다투지 않을 때의 평화로움과 편안함을 체험하게 된다.

진희의 이러한 경험은 앞으로 같은 일이 반복되었을 때 자신의 행동이 어떤 결과를 가져오게 되는지 상상하게 된다. 부모가 적절한 대화를 통해 아이들의 생각을 깨우쳐 주면, 아이들은 어떠한 상황에서도 스스로 판단하고 올바른 방향으로 행동할 수 있는 힘을 갖게 된다. 그리고 상황에 대처하는 능력이 생기며 차츰 자신의 문제를 스스로 지혜롭게 풀어가는 힘을 키우게 된다.

그렇다. 부모는 사랑하는 방법을 알아야 자녀를 올바르게 사랑할 수 있고 오빠는 동생을, 동생은 오빠를 올바르게 사랑할 수 있다. 상대방이 사랑받고 있다고 느낄 수 있다.

올바르게 사랑하는 것은 능력이다.

심리학자 에리히 프롬은 말한다.

"자신의 전 인격을 최선의 노력을 다해 성장시켜 생산적인 능력을 가져야 한다. 그렇지 않다면 사랑을 위한 모든 시도는 실패할 수밖에 없다. 한 개인이 만족스러운 사랑을 하려면 이웃을 사랑하는 능력 없이는 불가능하다. 진정한 겸손, 용기, 신념과 규율 없이는 불가능하다."

창문 닫았어요, 보상해 주세요

소나기 온 날, 아빠 방 창문 닫으라는 엄마의 문자를 받고 아들이

저도 며칠 전, 강의를 받느라고 집을 비운 날에 있었던, 초등학교 6학년 아들과의 일입니다. 제가 수강 중에 점심을 먹고 있는데 아들에게서 문자가 왔습니다.

"엄마, 지금 비가 와요. 소나기요."

저는 아들의 문자를 받고 남편의 방 창문을 열어 놓고 온 일이 걱정되었습니다. 저도 아들에게 문자를 보냈습니다.

"그래. 아빠 방 창문 열렸나 보고 문을 닫아 주겠니?"

"지금 밖에 나와 있어요. ㅇㅇ슈퍼예요."

"언제 집에 가니?"

"금방이요. 가는 중이에요."

"그럼 집에 가면 아빠 방 창문 닫아 주겠니?"

"네, 엄마."

"그래. 고마워."

이렇게 따뜻한 모자의 대화가 이어졌는데 예전의 저라면 다음처럼 이어졌을 겁니다. .

"엄마, 비가와요. 소나기요."
"얼른 아빠 방에 가서 창문 닫아."
"저 밖에 있어요. 슈퍼예요."
"비가 오는데 뭐 하러 슈퍼에 가? 빨리 집에 가서 아빠 방 창문 닫아!!"
"(들리진 않지만 볼멘소리로 투정하며 '괜히 문자했네.' 중얼거리며) 알았어요."
이랬으면 처음과 같은 대화가 이루어지지 않았을지도 모르겠습니다.

그런데 그렇게 문자를 받고 흐뭇했던 저는 다음의 내용으로 황당해졌습니다.
"엄마, 아빠 방 창문 닫았어요. 보상해 주세요."

저는 갑자기 힘이 쫘악 빠졌습니다. 그렇지 않아도 요즘 부쩍 어떤 일을 하고 나면 보상해 달라고 해서 어찌해야 할지 걱정했는데 오늘도 아빠 방 창문 닫고 보상해 달라고 하다니. 내가 밥 해 주고 빨래 해 주고, 수없이 많은 일들을 해 주면서 보상해 달라고 한 적이 있는가. 엄마니까 해야 한다고? 엄마는 뭐든지 해야 하고 자식은 아무 것도 하지 않는다? 정말 어이가 없었습니다. 그런데 이렇게 감정적으로 표현하면 안 된다는 것을 배웠기 때문에 저는 잠시 생각하고 문자를 보냈습니다.

"보상으로 무엇을 원하지?"

금방 답이 왔습니다.

"돈으로 주세요."

저 혼자서는 적절한 내용이 생각나지 않아서 선생님과 의논하고 문자를 보냈습니다.

"돈, 얼마?"

"5천 원이요."

저는 다시 선생님과 의논하고 문자를 보냈습니다.

"… 그래? 아빠 방 창문을 닫아 준 보상을 돈 5천 원으로 할 거야, 엄마의 고맙고 기쁜 마음으로 할 거야?"

한참 시간이 지난 후에 문자가 왔습니다.

"글쎄요."

공부하던 우리는 민준이의 답을 들으며 크게 웃었다. '민준이가 지금 많은 생각을 하고 있겠구나.' 하며 희망적이라 생각했다. 우리는 함께 흐뭇했고, 행복한 답을 기대하며 기다렸다. 그러나 수업이 끝날 때까지 민준이의 답은 오지 않았다. 우리는 민준이의 현명한 선택이 있을 것이고 그 답은 다음 시간에 들을 수 있을 것이라는 기대를 했다. 나와 우리 수강생들은 묘한 기대감으로 다음 시간을 기다렸다. 엄마의 고맙고 기쁜 마음을 선택할 것이라는 기대를 안고 헤어졌다.

드디어 다음 주 기다리던 민준이 어머니에게서 그 결과를 들을 수 있었다.

저는 설레는 마음을 진정시키며 집으로 갔습니다. 그리고 아들에게 조심스럽게 말했습니다.

"엄마가 보낸 문자에 답이 없었는데 어떻게 결정했어?"

"오천 원으로요."

순간 가슴이 철렁 내려앉으며 기분이 엉망이 되었습니다. 기대한 만큼 실망한다고 했던가요. 실망했지만 그래도 마음을 가다듬고 수업 시간에 준비했던 대로 말했습니다.

"그러니까 엄마의 기쁜 마음보다 돈 오천 원을 선택한다는 말이지?"

"둘 다요."

'이 자슥이 욕심은….' 하고 싶었지만 다시 생각하며 말했습니다.

"둘 다는 선택할 수 없어. 둘 중에 하나만 결정할 수 있어."

"왜요?"

'왜긴 왜야? 엄마가 둘 중에 하나를 선택하라고 했잖아…. 하고 약간 높은 톤의 말이 나오려고 했지만 다시 마음을 다스리며 말했습니다.

"지금은 둘 중에 하나를 선택하는 문제야."

'살다 보면 이렇게 두 가지 중에 하나를 선택해야 하는 경우가 많이 있어.' 하고 잔소리가 이어지려는 것을 또 눌러 참으며 말했습니다. 아들은 심드렁하게 말했습니다.

"그럼 이번만 오천 원을 주세요. 다음부턴 안 그럴게요."

저는 실망스러운 마음을 감추고 5천 원을 주면서 말했습니다.

"… 그래. 5천 원 여기 있어. 그런데 엄마는 네가 엄마 마음보다 돈을 선택해서 서글프네."

그렇게 말하고 돈을 주었지만 제 마음은 편치 않았습니다. 아들이 괘씸하기도 하고 서글프기도 하고 제 표정은 밝을 수가 없었습니다. 그런 표정은 그대로 아들에게 비추어졌나 봅니다. 저녁식사 후 저희 식구가 공원으로 산책을 나갔는데 아들이 제게 다가와서 돈을 내밀며 조용히 말했습니다.

"엄마, 돈을 엄마한테 돌려 드리고 싶은 맘이 들어요. 제가 잘못한 거 같아요."

순간 저는 각본에 없던 내용이라 어찌해야 할지 몰랐습니다. 한 번 주었던 돈을 받으면 안 될 것 같기도 하고, 돈을 받으려니 아들이 야속하기도 하고, 또 아들이 준다는데 받지 않는 것도 제 마음이 좁은 것 같고 어찌 할 바를 몰랐습니다. 그렇게 망설이다 돈은 받지 않고 한 마디만 했습니다.

"괜찮아."

저와 아들은 어정쩡하게 사건을 마무리했습니다. 그리고 궁금했습니다. 아들은 제가 언짢아하는 모습을 보고 돈을 돌려주려고 한 것인지, 진심으로 미안한 마음이 우러나서 한 말인지 판단이 서지 않았습니다. 그렇게 끝낸 것이 영 개운치 않았습니다.

선생님, 이런 경우에 제가 어떻게 하면 우리 민준이가 보상에 대해서 올바른 생각을 하게 될까요?

우리는 생각을 나누었다.

민준이 어머니는 왜 민준이가 '엄마, 보상해 주세요.' 하는 '보상'이라는 단어를 듣고 걱정이 되었을까?

민준이가 아버지 방 창문을 닫았으니 보상을 원하고, 숙제 다 했으니 보상을 원하고, 시험 잘 봤으니 보상을 원하고, 심부름을 했으니 보상을 원한다면, 앞으로 보상이 없는 일을 할 수 있을까?

민준이는 삶의 태도에서 중요한 의미인 '보상'에 대해서 배우는 기회가 되었다. 아마도 민준이 어머니가 교육을 받지 않았다면 이번 기회를 그냥 놓쳐 버릴 수도 있었을 것이다. 어머니의 부탁을 들어 준 민준이는 어머니의 고맙고 기쁜 마음보다 돈 5천 원을 선택했다. 선택한 결과 마음이 편치 않았다. 민준이의 양심이 움직이고 있었다. 그래서 돈을 돌려 드리고 돈보다는 어머니의 고맙고 기쁜 마음을 받고 싶어진 것이다. 민준이는 눈에 보이지 않는 더 큰 선물을 이해하게 되었을 것이다. 그러므로 민준이는 돈을 돌려 드리겠다는 마음이 든 것만으로도 많은 것을 배우는 기회가 되었다.

나는 가끔 신학생들이나 수도자들에게 강의할 때마다 느끼는 감동이 있다. 어쩌면 이 젊은이들은 평생을 배워도 깨닫기 힘든 눈에 보이지 않는 '보상'을 믿고 전 생애를 바치려 하는 것인가.

민준이는 전 생애를 바쳐 깨닫기 힘든 삶의 태도를 초등학교 6학년 때 하나의 작은 사건으로 깨닫게 되다니. 배우는 어머니를 둔 행운이 아닐까.

그렇다면 민준이 어머니는 민준이가 돈을 돌려 드리겠다고 했을 때 어떻게 하는 것이 민준이에게 도움이 되었을까. 다음의 대화를 생각해 본다.

"엄마, 돈을 엄마한테 돌려드리고 싶은 맘이 들어요. 제가 잘못한 거 같아요."

"(돈을 받고) 그래. 엄마는 민준이 말을 들으니까 서운하고 서글펐던 마음이 깨끗이 사라졌어. 엄마의 마음을 받아 줘서 고마워. 자 이 돈은 엄마의 고맙고 기쁜 마음의 선물이야."

이렇게 말하며 오천 원을 주었다면 민준이 마음에는 무엇이 남았을까.

"그러네요. 선생님 말씀을 들으니까 그렇게 했다면 하는 아쉬움이 남네요. 그러면 이미 '괜찮아.' 하는 말로 끝났지만 지금의 제 마음을 전하는 방법이 있을까요?"

그렇다. 이렇게 꾸준히 질문하고 실천하려는 민준이 어머니의 질문은 우리를 더 많이 배울 수 있도록 도와준다. 민준이 어머니는 늦었지만 엄마의 고마운 마음을 받아 준 민준이에게 말할 수 있다.

"민준아, 엄마가 요즘 민준이를 생각하면 행복한 마음과 미안한 마음이 함께 있는데 그 이유가 무엇일까 생각해 봤어. 그랬더니 네가 엄마에게 돈을 돌려준다고 했을 때 엄마 마음을 전하지 못했기 때문이라는 걸 알았어. 지금, 얘기해도 될까?"

"뭔데요?"

"그날, 네가 돈을 돌려주고 싶다고 했을 때, 엄마는 정말 행복했어. 네가 엄마의 고맙고 기쁜 마음을 받아 주었기 때문이야. 그리고 너의 그 효성스러운 마음을 '괜찮아.' 하는 말로 끝내서 미안했어. 고맙고 미안해. 그리고 그 돈은 엄마의 고맙고 기쁜 마음의 선물로 받아 주기 바래. 사랑하는 우리 아들 고맙다."

물론 민준이 어머니는 민준이에게 말했고, 계속 아훈 공부를 하고 있는 민준이 어머니는 행복한 사례들을 발표한다. 그날 이후, 중3인 지금까지 민준이에게서 '보상'이라는 말은 단 한 번도 들은 적이 없다고 했다.

우리는 눈에 보이는 보상과 눈에 보이지 않는 보상을 구분해서 눈에 보이지 않는 보상의 크기가 얼마나 큰 것인지 이해해야 한다. 눈에 보이지 않는 것을 볼 수 있는 마음의 눈을 키울 수 있도록 훈련해야 한다. 세계의 위인들은 모두 눈에 보이지 않는 보상에 전 생애를 바친 사람들이었다.

아훈에서는 민준이 어머니처럼 사건을 풀기 위해 훈련한다.

아빠, 지갑을 잃어버렸어요

마트 가다 4만 원 든 지갑을 잃어버린 아이가

저녁 시간, 삼남매의 아빠인 제가 그 시간에 아이들 방에 들어간 것은 얼마 전부터의 일입니다. 아이들 방에 들어가기만 하면 지적할 일이 많아서 큰 소리가 나고 아내가 말려야 나오기 때문에 아예 아이들 방에 들어가지 않았습니다. 그러다가 아훈 프로그램에 참가하면서 아이들 방에 들어가기 시작했습니다. 물론 잔소리 하지 않고 아이들에게 힘이 되어 주려고 애쓰고 애씁니다. 아빠가 너희들을 사랑한다는 표현만 하려고 굳게 결심하고 들어갑니다. 얼마 전의 일입니다. 초등학교 6학년인 큰아들 방에 들어갔습니다. 그리고 책상 앞에 앉아 있는 아들에게 어색하지 않으려고 애쓰면서 말했습니다.

"우리 아들 할 일이 많구나."

"네."

아들의 표정이 침울하다는 것을 그제야 눈치 챘습니다.

'야, 임마, 남자 자세가 이게 뭐야, 정신 바짝 차리고 똑바로 앉아야지, 이렇게 힘없이 앉아서 뭘 하겠어,' 하고 싶은 말을 꿀꺽 삼키고 배운 대로 어떻게 말할까를 생각하며 말했습니다.

"네가 힘이 없는 걸 보니까 무슨 일이 있나 보다."

아들이 주춤거리더니 말했습니다.
"… 네 아빠… 저… 자전거 타고 큰 사거리에 있는 마트 가다가 지갑을 잃어버렸어요."
'뭐?! 지갑을 잃어버려!! 야, 임마, 정신 바짝 차리고 다녀야지, 지갑을 잃어버리기는, 너 정신이 있어, 없어?'
이렇게 말하고 싶은 것을 누르고 말했습니다.
"그래? 지갑에는 뭐가 들었는데?"
"… 돈이… 4만 원 넘게… 있었는데…."
'야! 임마, 무슨 초등학생이 4만 원이나 들고 다녀? 4만 원이 그렇게 쉽게 나오는 돈이냐, 짜아식이 정말!' 계속 이어지려는 말을 삼키고 기적 같은 말을 했습니다.

"저런! 그래서 우리 아들 기분이 우울해 보였구나."

"네. 필요한 거 사러 마트 가는 길이었는데요…."
'야, 그럼 길에서 잃어버렸을 텐데 다시 가 봐야지.' 하려는데 아들은 제 맘을 알고 있다는 듯이 이렇게 말했습니다.

"갔던 길을 몇 번 다시 갔는데 없었어요."

'아, 참 정말 짜아식이. 그러게, 왜 굳이 마트까지 가냐, 마트를! 매주 가는 문방구를 갈 것이지, 뭐 대단한 걸 사려고 마트까지 가냐고, 네 동생들 봐라, 언제 작은 지갑 한 번 잃어버린 적 있냐? 너는 오빠가 돼서 칠칠맞게 한두 번도 아니고.' 두 여동생과 비교하면서 유치원 때부터 잃어버렸던 모든 사건을 나열했을 텐데 멈추고 멈추었습니다. 뭐라고 할까, 어떻게 말해야 할까. 생각하는데 아들이 말했습니다.

"아빠, 그런데요. 지갑을 흘린 건지, 누가 소매치기 한 건지 모르겠어요."

'야! 임마, 네가 지갑을 흘렸으면서 누굴 탓하는 거야, 왜 남의 탓을 하느냐고. 찌질하게 흘리며 다닌 녀석이 근거도 없는 소매치기 탓을 해.'

정말 하고 싶은 말이 많았습니다. 그런데 한참을 생각했습니다. 정말로 한참을요. 할 말이 생각나지 않더라니까요. 이 기회에 남을 탓하고 의심하는 버릇부터 없애야지, 무언가 약이 될 만한 말을 해야지, 하는데 도무지 약이 될 만한 말이 생각나지 않는 거예요. 그렇게 꽤 시간이 흐른 것 같았습니다. 저는 오랜 생각의 결과를 말했습니다.

"그래. 그런데 소매치기가 초등학생과 어른 중 누구 지갑에 돈이 더 많다고 생각할까?"

제 말에 아이도 멈칫 하더니, 저처럼 한참을 생각하더니 "그러네요." 하더라고요.

'그렇지, 내가 말을 잘 했지, 네가 근사한 아빠 말에 동의를 하지 않고 배기냐, 내가 누구냐, 배우는 아빠라고.' 뿌듯하더라고요. 아이가 제 말에 토를 달지 않고 순순히 "그러네요." 하는 것은 아마도 아이와 제가 대화하고 나서 처음 듣게 되는 말이 아닌가 했습니다. 아이는 늘 제 말에 토를 달았거든요. 아니죠. 아이가 토를 달도록 말했었지요.

저는 제가 한 말에 뿌듯해하면서 더 이상 아들에게 도움이 되는 말을 생각해낼 자신도 없고 또 할 일도 있어 바쁜 마음을 핑계로, 그러나 배운 대로,

"우리 아들 지갑은 잃어버렸지만 많은 걸 배웠네."

라고 한 마디 하고 어깨를 다독인 다음 제 방으로 돌아와 할 일에 열중했습니다. 아마도 예전 같았으면 열 마디 백 마디는 더 했을 것입니다. 결국 아이가 울도록 큰 소리로 야단치고 "잘못했어요. 다음부터 조심할게요." 하는 말을 듣고야 아이의 방을 나왔을 것입니다. 그렇게 하는 것이 아빠의 역할이라는 데 조금도 의심하지 않았으니까요. 그런데 배우면서 깨달았습니다. 제가 예전에 하던 대로 아빠 역할을 했다면, 어쩌면 아이에게서 지갑을 잃어버렸다는 말도 듣지 못했을지도요. 저는 꽤 괜찮은 아빠가 된 것 같았습니다.

그런데 아직도 갈 길이 먼 것을 다음날 저녁에야 알게 되었습니다. 아내에게 말할까 말까 망설이는데 아내가 말했습니다.

"여보, 수영이, 지갑 잃어버린 얘기 아시죠."

"그래. 들었어."

"그래서 제가 용돈 5만 원을 주었어요."

"그랬어? 당신이 나보다 한 수 위네. 우리 아이들은 당신이 엄마라서 행운이야."

"뭘요, 요즘 당신이 아이들을 잘 이해하려고 애써 줘서 아이들이 얼마나 당신을 좋아하는데요. 그래서 지갑 잃어버린 얘기도 할 수 있었죠. 저도 고마워요."

저는 아이들이 제 아내를 엄마로 만난 행운을 생각했습니다. 가진 돈을 다 잃어버려서 낙심해하는 아이의 빈 마음을 채워 줄 생각을 왜 나는 못했을까 되돌아보게 되었습니다.

아이가 4만 원을 잃어버렸는데 저는 그 몇 배를 배우는 기회가 되었습니다. 그런데 무언가 집어낼 수 없는 아쉬움이 있는 것 같은데 그게 무엇인가요?

수영이 아버지의 아쉬움은 무엇이었을까?

수영이 아버지의 질문을 받으며 나 또한 아쉬움이 컸다.

수영이 어머니가 수영이에게 줄 돈을 수영이 아버지에게 드리면서,

"여보, 수영이 돈 잃어버린 얘기 들으셨죠? 수영이가 뭔가 필요한 것이 있어서 아빠에게 하소연한 것 같은데 당신이 이 돈(5만 원)

을 주면 어떨까요?"

했다면, 아들에게 위로의 마음을 전한 아버지와 아들은 어떤 관계가 될까. 수영이는 지갑 잃어버렸던 사건을 어떻게 기억할까. 아쉽지만 다시 그날이 온다면 아버지가 아들에게 용돈을 주며,

"수영아, 네가 용돈을 다 잃어버렸는데 아빠의 용돈에서 5만 원을 주면 네 허전한 마음에 위로가 되겠니?"

라고 했다면 다음의 대화가 이어지지 않을까 상상하게 된다.

"아빠, 아빠 용돈에서 5만 원을 주시면 아빠 용돈 모자라잖아요. 2만 원만 주셔도 돼요."

"아빠는 네 말을 들으니까 뭔가 마음이 가득해서 아빠 용돈 부족해도 한 달 충분히 버틸 수 있어. 아빠 생각하는 마음 고맙다."

그냥 5만 원을 주겠다는 것과 아빠의 용돈에서 5만 원을 주겠다는 의미는 다르지 않을까.

아들은 배우게 될 것이다. 조건 없는 무한한 사랑의 의미가 무엇인지. 그리고 아버지도 느끼게 될 것이다. 돈으로 계산할 수 없는 아빠로서의 무한한 기쁨을. 그러나 다음과 같이 말했다면 아버지와 아들의 사이는 어떻게 될까.

"야! 너 정신 차리고 살아, 벌써부터 그렇게 정신 놓고 다니면 앞으로 어떻게 되겠다는 거야, 제발 좀 차분히 집에서 공부도 좀 하고, 맨날 게임이나 하고 먼 마트까지 빈둥거리며 다니다 돈이나 잃어버리지 말구. 응, 아빠 말 알아들어? 에이그. 큰아들이라는 녀석이 이러니 내가 일할 힘이 나겠냐고."

수영이 아버지는 말했다.

저는 아들의 지갑 잃어버린 사건에 대해서 제가 원하는 아버지의 모습까진 갈 수 없었지만 그래도 꽤 괜찮은 아버지는 된 것 같습니다. 계속 노력하겠습니다.

이 말을 마친 수영이 아버지 얼굴에는 흐뭇한 미소가 가득했다.

3장 인간관계에 대한 이해

지혜로운 격려자와 상담자가 되기 위해

우리는 인생을 유아기로부터 시작한다. 이때는 다른 사람에게 전적으로 의존한다. 누군가가 먹여 주고 입혀 주고 기저귀를 갈아 준다. 누군가의 도움을 받아야 한다. 따라서 누군가의 어떤 도움인가에 의해 사람은 달라진다.

나는 한 학기 등록금 360원일 때 사범학교를 나왔다. 300원은 국비였기에 학교를 졸업하면 초등학교 교사가 되어야 했다. 그 당시 교육의 핵심을 강조하면서 들려주었던 한 선생님의 '늑대 인간' 이야기는 내게 큰 충격이었다.

이유는 알 수 없지만 늑대와 함께 생활하고 있는 어린아이를 발견하고 데려왔는데 모든 행동 방식이 거의 늑대와 같았다. 어느 프랑스 의사 부부가 늑대와 함께 살던 아이를 키웠는데 몇 년 간 겨우 60개의 단어 정도 알게 되었고, 익힌 고기보다는 날고기를 좋아했고, 침대에 누웠다가도 침대 밑에서 잠을 잤고, 걷다가도 기었고, 두 발로 뛰는 것보다 두 손과 두 발로 기는 것이 더 빨랐다고 했다.

내 강의 중에 세 자녀를 둔 어머니 선생님이 어렵게 자신의 얘기를 털어 놨다.

"첫째 아이를 낳은 지 일주일 만에 아기를 눕혀 둔 채 잠깐 두부 한 모를 사왔습니다. 와 보니 아이가 질식사했더라고요. 벽에 걸어 놓았던 옷이 아이 얼굴 위로 떨어져서 질식한 것입니다. 그 죄책감에 그 후에 낳은 세 아이를 한 번도 안아주지 못했습니다. 마음으로 사랑할 수가 없었습니다. 먼저 간 아이에게 미안해서요. 세 아이가 모두 학교생활에서 정상적으로 적응하지 못하고 있습니다."

세상에 태어나서 일주일 된 아기는 얼굴에 떨어진 옷을 혼자서 걷어낼 수 없었다. 아직은 의존적인 상태였기 때문이다. 아이가 세상에 태어났을 때 부모는 보호자와 양육자의 역할로 아이들을 도와주어야 한다. 그리고 차츰 아이들이 자라면서 스스로 독립을 이루도록 부모는 자녀를 지혜롭게 격려하고 또 상담해 주어야 한다.

이렇게 아이들은 점차 성장하면서 육체적, 정신적, 지적, 영적, 감정적, 사회적, 재정적으로 독립되어 간다. 마침내 스스로 자신을 돌볼 수 있게 되고 내적으로 통제할 줄 알며 자신감도 생긴다. 이리하여 상대방이 돌봄을 받는 단계(의존성)에서 스스로 할 수 있는 단계(독립성) 그리고 점차적으로 다른 사람과의 협력의 단계(상호협력성)로 성장하는 것이 인간의 자연스러운 발달 과정이다.

우리는 아이가 커감에 따라 더욱 더 지혜로운 격려자, 상담자가 되기 위해 훈련해야 한다. 특히 스스로 학습하도록 돕는 지혜로운 격려자, 상담자 역할이 중요하다.

다음은 유치원 교사가 어떻게 어린이에게 독립을 이루도록 도와주었는지 사례를 소개한다.

선생님 도와주세요

유치원 오기 싫다고 울던 아이가 작업하다가

여섯 살 재영이는 세계 지도에 바늘 같은 핀으로 찍고 찍은 자리를 그리는 작업을 하다가 선생님께 와서 말한다.

재영: 선생님, 이거 어려워요. 도와주세요.
교사: ???

유치원에서 자주 울고, 유치원에도 오기 싫다는 아이가 교사에게 도와달라고 한다. 얼른 도와주지 않으면 또 울지도 모른다. 교사는 아이들이 스스로 하도록 도와야 하는데 난감하다. 그러나 배운 것을 실천할 기회라 생각하고 말한다.

재영: 선생님, 이거 어려워요. 도와주세요.
교사: 선생님이 도와주면 네가 핀 찍기를 쉽게 할 수 있다고.

재영: 네.
교사: 그래. 선생님은 재영이 말을 들으니까 생각하게 되네.
재영: 왜요?

교사: 왜냐하면 선생님이 지금 재영이가 하는 걸 도와주면 재영이가 쉽게 빨리 끝낼 수 있지. 그런데 선생님은 재영이가 선생님 도움 없이 스스로 할 수 있도록 도와주어야 하는데 어떻게 해야 할지 생각해야 하거든.

재영: 알았어요. (재영이가 작업하러 간다.)

교사는 말한다.
"정말 놀랐어요. 제가 한 말이 그렇게 쉬운 말이 아닌데 아이는 이해하더라고요. 대단하다고 생각하는데 재영이가 잠시 후에 다시 와서 말했습니다."

재영: 선생님, 도와주세요.
교사: 응, 그래. 선생님이 도와달라고. 어떡하지? 난처하네.
재영: 알았어요. (다시 자리로 간다.)

교사는 또 놀랐다고 하며 다음을 이어갔다.

재영이가 세 번째 다시 왔다.

재영: …. (말이 없다. 미안한가 보다.)
교사: 그래. 선생님이 도와주면….
재영: (잠깐 서서 생각하다가 다시 작업하러 간다.)

잠시 후, 재영이가 활짝 웃으며 와서 말했다.

재영: 선생님! 내가 스스로 다 했어요. 선생님!
교사: 와아! 재영이가 혼자서 스스로 다 했다고?
재영: 네!

교사: 재영이가 혼자서, 스스로 해낸 걸 보니까 선생님이 정말 기
　　　뻐. 아빠 엄마도 아시면 정말 기뻐하시겠네.

"저는 정말 정말 기뻤어요. 이게 교사의 보람이구나. 이래서 교사는 실력이 있어야 하는구나. 배우고 실천해야 하는구나. 확신할 수 있었습니다."

선생님은 재영이에 대한 자랑을 이어갔다.
"반에서 가장 늦게 점심을 먹으며 제 애를 태우는 재영이에게 한마디 했습니다."

교사: 재영아, 재영이는 마음만 먹으면 할 수 있지?
재영: 네. 할 수 있어요.

"재영이는 그날 처음으로 점심시간을 넘기지 않고 밥을 다 먹었습니다.

다음 날, 작업시간에 재영이가 말했습니다."

재영: 선생님, 이 작업 저 혼자서 다 할 거예요. 전에는 유치원에 오는 게 힘들었는데 이젠 안 힘들어요. 빨리 오고 싶어요.

교사: 선생님이 재영이 말을 들으니까 정말 기뻐. 고마워.

"오늘 아침, 재영이가 말했습니다."

재영: 선생님, 저 빨리 왔죠? 저는요. 선생님이 좋아요.

교사: 선생님도 재영이가 좋아요. 재영이가 빨리 와서 더 좋아요.

선생님은 말했다.

"잠깐 도와주면 끝났을 텐데. 어쩌면 제 말에 울면서 더 떼를 쓸 수도 있는데. 그리고 실천한다고 해도 세 번씩이나 와서 도와달라고 하면 예전에는 귀찮기도 하고 한 번 두 번 해 보고 안 되면, '그래, 그럼 안 되지.' 하며 안 된다고 했을 텐데 저도 끝까지 해 보고 싶었습니다. 일 년 넘게 유치원에 오기 싫다던 아이가 빨리 오고 싶다고 하다니요. 하나의 사건이 어떻게 연결되는지 유아교육에 대해 많은 이론을 배웠지만 어쩌면 수박 겉만 보고 있지 않았나 하는 생각까지 들었습니다. 어떻게 보면 한 어린이에게 이렇게 시간을 많이 할애할 수 있느냐고 할 수 있지만 시간으로 보면 몇 분 걸리는 게 아니었습니다. 마음의 여유가 없을 뿐이었습니다. 하긴 이렇게 문제가 풀린다면 5분, 10분 한 시간이 걸려도 이렇게 사건을 풀어야 하는 게 아닌가 생각합니다. 재영이와 작은 사건 하나 풀면서 교사로서의 긍지를 가슴 가득 느낄 수 있었습니다. 재영아, 고마워."

함께 배우는 참가자들은 지혜롭게 아이를 독립시켜 주는 재영이 선생님에게 큰 박수를 보냈다.

엄마가 가져온 책 엄마가 갖다 놓으세요

갖다 달라는 책 갖다 준 엄마에게

정우는 일곱 살 남자아이입니다. 정우와 엄마는 거실에서 시간을 보내고 있었습니다. 엄마는 쿠션에 기대어 책을 읽고 있었고, 정우는 책도 읽고, 또 다른 놀이도 하다가 공룡을 찾아야 한다며 백과사전이 필요하다고 했습니다.

정우: 엄마, 방에서 백과사전 좀 가져다주면 안돼요?
엄마: 물론 되지.

정우 어머니는 귀찮긴 했지만 재빨리 일어나서 사전을 가져다주었고, 그렇게 또 한 번 두 권의 책을 가져다주었습니다. 책에서 원하는 것을 찾아 본 후에 옆에 놓고 계속 놀이를 하고, 책도 읽으면서 시간이 지났고, 식사시간이 되어가고 있었습니다.

엄마: 정우야, 이제 밥 먹을 시간이 다 되어 간다.

정우: 응. 이것만 하고 정리할게요.

아이는 조금 후에 자기가 가지고 놀던 장난감을 대략 정리하더니 이렇게 말했습니다.

정우: 엄마, 저 책은 엄마가 가져왔으니까 엄마가 가져다 놓아야죠.

엄마: … 그건 너 대신 엄마가 가져다준 거잖아.

정우: 엄마도 같이 봤으니까 그럼 한 권씩 가져다 놓아야죠. (엄마도 조금 같이 봄.)

엄마: 그럼 엄마는 엄마가 가져온 것만 치우고, 너는 네가 가져온 것만 치우고 그러는거야?

정우: (혼잣말로) 왜 내가 다 치워야 해?

정우는 기분이 좋진 않았지만 엄마가 밥을 준비하러 간 사이에 책을 가져다 놓긴 했습니다. 단순한 사건이지만 저희 아이는 종종 자기식대로의 '공평성'을 따지곤 합니다. '똑같이' 혹은 '왜 나만?' 이러한 가치관을 좀 더 넓은 마음으로 바꿀 수 있는 방법이 있을까요?

수강생들이 그룹을 이뤄 스터디 한 후에 준비한 내용을 가져왔다.

정우: 엄마, 저 책은 엄마가 가져왔으니까 엄마가 가져다 놓아야죠.

대화 1: 응. 엄마가 가져왔으니까 엄마가 갖다 놓아야 한다고?

대화 2: 정우가 치우는 걸 엄마가 도와줬으면 좋겠다고?

정우: 아니, 엄마가 가져왔으니까 엄마가 갖다 놔야 하잖아요.
엄마: 정우가 필요해서 엄마가 가져다준 것을 엄마가 다시 갖다 놓아야 한다는 거야?
정우: 응. 엄마도 같이 봤잖아요.
엄마: 그래. 알았어. (책을 제자리에 놓은 후) 근데 엄마는 좀 슬프네. 정우가 필요하다고 해서 기쁜 마음으로 가져다주었는데 엄마한테 치우라고 해서 말이야.

여기까지 저희가 의논해서 적은 것입니다. 선생님의 의견을 좀 부탁합니다.

수강생들이 준비한 대답에서,
정우: 엄마, 저 책은 엄마가 가져왔으니까 엄마가 가져다 놓아야죠.
정우의 질문에 수강생들이 준비한 '대화 1'에서 아이의 대답을 상상해 본다.

대화 1: 응. 엄마가 가져왔으니까 엄마가 갖다 놓아야 한다고?
'그래, 엄마가 잘 아네. 엄마가 가져왔으니까 엄마가 갖다 놓아야 한다고. 내 말이 그 말이라니까요.' 하고 동의할 수 있다. 그러나 다음의 대화에서도 아이의 대답을 상상해 본다.

대화 2: 정우가 치우는 걸 엄마가 도와줬으면 좋겠다고?

'내가 치우는 걸 도와달라는 얘기가 아니라 엄마가 가져왔으니까 엄마가 가져온 거 엄마가 갖다 놓으라니까. 왜 내 말을 이렇게 이해 못하지.' 하며 동의할 수 없다. 그러므로 '대화 1'을 말한다. 그러나 한 단계 더 올라간 엄마의 대답은 다음과 같다.

엄마: 그렇게 되네. 정우 부탁으로 가져왔지만 엄마가 가져왔으니까 엄마가 갖다 놓아야 되네.

아이의 말에서 인정할 부분은 인정한다. 엄마가 늘 아이에게 가르치던 내용이다. "네가 어질러 놓은 방은 네가 정리해야 한다." 그러니까 엄마도 엄마가 가져온 것은 엄마가 갖다 놓아야 한다. "그래 엄마도 엄마의 행동에 책임을 질게." 하며 엄마의 행동에 책임지는 모습을 보여야 한다. 다만 다음의 대화가 중요하다.

정우: 엄마, 엄마, 방에서 백과사전 좀 가져다주면 안 돼요?

정우의 질문에 엄마는 대답한다. "물론 되지." 하고. 위 대화는 아이에게 어떤 엄마의 모습을 보여 주고 있는가. 아이의 요청에 기꺼이 응해 주는 엄마의 모습이다. 아이는 자신의 요청에 엄마는 당연히 들어주어야 한다는 것을 배운다. 그렇다면 "네가 볼 책이니까 네가 갖다 봐."라고 한다면 아이는 어떻게 생각할까. 내가 할 일은 내가 하고, 엄마가 할 일은 엄마가 하고, 아빠가 할 일은 아빠가 하고, 친구가 할 일은 친구가 하고. 이렇게 되면 인간관계가 어떻게 될까. 그러므로 아이가 도움을 요청할 때는 기꺼이 도와주어야 한다. 다만 언제 도와줄 것인가? 다음과 같이 대답한다면 아이는 어떤 생각을 할까?

엄마: 물론 되지. 정우가 가져올 수 없는 상황이라면.

이 대답을 들으면 정우는 생각한다. 지금 내가 가져올 수 없는 상황인가? 그리고 아이는 대답한다.

정우: 알았어요. 엄마, 제가 갖다 볼게요.

때로는 각본대로 대답이 나오지 않을 수도 있다.

정우: 그래도 엄마, 이번만 갖다 주세요.

엄마: 그래. 알았어. 이번만 갖다 줄게.

그런데 수강자들은 질문한다.

"선생님, 그렇게 했는데 아이가 '엄마가 가져왔으니까 엄마가 갖다 놓아야지요.' 하면 엄마가 뭐라고 하죠?

엄마가 대답한다.

엄마: 정우 부탁으로 가져왔는데 엄마가 갖다 놓아야 한다고?

다시 정우는 생각하게 될 것이다. 위와 비슷한 사례를 실천한 한 수강생이 말한다.

선생님, 제 아이가 거의 비슷한 상황에서 배운 대로 '네 부탁으로 가져왔는데 엄마가 갖다 놓아야 한다고?' 했더니 '네.' 하더라고요. 그래서 '알았어.' 하고 갖다 줬어요. 며칠 후에 또 제게 부탁하더라고요.

"엄마, 저 책 엄마가 갖다 주면 안 돼요."

화가 나더라고요. 제 남편과 어쩜 그렇게 똑같은지요. 그러나 배운 대로 '그래? 엄마가 갖다 주면 엄마가 갖다 놓아야겠네.' 하려는데 아이가 생각났다는 듯,

"아, 참 엄마! 갖다 놓을 때는 제가 갖다 놓을게요."

하더라고요. 그리고 며칠 후 아이가 높은 곳에 있는 물건을 가리키며 말하더라고요.

"엄마, 저 거 엄마가 좀 꺼내 주시면 안 돼요?"

"물론 되지. 네가 꺼낼 수 없다면 말이야."

아이가 잠시 생각하더니 말하더라고요.

"아, 엄마 됐어요. 의자 놓고 의자 위에 올라가서 꺼낼 수 있어요."

그러더니 자신이 조심스럽게 꺼내더라고요. 그 이후 제게 부탁하는 일이 거의 없어졌어요. 그런데 어느 날 제가 부탁했죠.

"정우야, 엄마 이 손에 들고 있는 게 있어서 네가 저 걸 좀 꺼내 주겠니?"

아이는 도저히 유치원 아이라고 상상할 수 없는 말을 했습니다.

"물론 되죠. 엄마 혼자서 할 수 없는 상황이니까요."

제 아이가 얼마나 멋있는지요. 아이들이 얼마나 논리적인지요. 꼭 아빠를 닮아 아빠를 닮은 행동만 한다고 생각했던 아이가 바뀔 수도 있다는 걸 알았습니다. 일곱 살 우리 아들이 신사가 된 느낌이었습니다.

미국 16대 대통령 에이브러햄 링컨은 말한다.
"사랑하는 사람에게 할 수 있는 가장 나쁜 일은
바로 그들이 할 수 있고, 해야 할 일을 대신해 주는 것이다."

엄마, 제가 비행기 만들었어요 하는 아이에게 해 주는 지혜로운 칭찬의 말은?

자녀가 독립을 이루어 갈 때 지혜로운 격려자는 자녀에게 힘을 실어 준다. 적절한 칭찬은 자녀에게 확신을 갖게 하여 지금 하는 일을 더 잘 할 수 있게 한다. 또한 자녀는 기쁘게 칭찬해 주는 사람을 보며 자신감을 얻고 사람들과 함께 하는 삶이 즐겁고 행복하다는 것을 이해하게 된다. 그리고 지혜로운 상담자는 자녀에게 삶의 이치를 깨닫게 하고 세상은 따뜻하고 신비로우며 즐겁고 행복한 곳임을 알게 하여 다른 사람들에게 도움이 되는 삶을 살도록 이끈다. 아훈은 일상에서 일어나는 작은 사건을 통해 이러한 역할을 할 수 있도록 훈련한다.

다음 상황은 부모가 자녀를 어떻게 격려하는지 잘 보여 준다.

초등학교 2학년인 아이가 엄마에게 자기가 만든 모형 비행기를 들고 와서 말한다.

“엄마, 이것 봐요. 제가 비행기를 만들었어요.”

아이가 하는 말에 지혜로운 격려자가 하는 칭찬은 어떻게 하는 것일까?

1) 우리 아들이 비행기를 참 잘 만들었네.

2) 우리 아들이 만든 비행기 근사하고 멋있네.

3) 우리 아들이 비행기를 잘 만들어서 엄마가 정말 기분이 좋네.

4) 우리 아들이 혼자서 비행기를 다 만들었네. 우리 아들이 만든 비행기를 보니까 엄마가 타고 싶네.

위의 대화에서

1)과 2)는 잘 만든 비행기에 대해 칭찬하고 있다. 3)은 어머니의 느낌을 얘기하고 있다. 그러나 4)는 아들이 혼자서 비행기를 완성했다는 사실을 구체적으로 칭찬하고 있다. 또 엄마가 타고 싶다는 말로 아이의 자신감을 북돋우고 있다. 아이는 어떤 얘기를 들을 때 힘이 나고 뭔가 더 잘 할 수 있겠다는 욕구와 자신감이 생길까.

그리고 더하여 아이가,

“엄마, 제가 이다음에 비행기를 만들어서 엄마 태워 드릴게요.”

한다면 뭐라고 말할 것인가?

대답 1: 그렇지. 그래야지. 그러니까 공부를 잘해야 비행기를 만들 수 있지. 지금처럼 숙제도 제대로 안 하고 시험공부도 안 하면 비행기를 만들 수 없어. 아니 종이 비행기도 만들기 힘들다고. 그러니까 공부 열심히 하고 비행기 만들어서 엄마 태워 줘. 알았지? 아이고 예뻐라.

대답 2: 그래. 엄마 기대할게. 그러니까 꼭 비행기 만들어서 엄마 태워 줘.

대답 3: 그래. 고마워. 엄마 기다릴게. 네가 고마워서 엄만 정말 행복해.

아이들은 몇 번의 말을 들을 때 힘이 나고 뭔가 하고 싶다는 의욕이 생길까.

아훈 공부를 하고 집에 간 날, 우리 아이가 포도를 그렸더라고요. 제가 말했죠.

"와아, 우리 딸이 그린 포도를 보니까 엄마는 포도가 먹고 싶네."

했더니 아이가 금방 대답하더라고요.

"엄마, 제가 돈 모아서 엄마 맛있는 포도 사 드릴게요." 하고요.

또 다른 어머니가 말했다.

저의 아이는 그날 마침 종이비행기를 만들어 왔더라고요. 그래서 제가 배운 대로 말했죠.

"와아, 우리 아들이 혼자서 종이비행기를 다 만들었네. 우리 아들이 만든 비행기를 보니까 엄마가 타고 싶네."

아이가 대답하더라고요.

"네? 엄마? 엄마는 이 종이비행기에 못 타요."

이럴 때는 뭐라고 해야 하죠?

비슷한 경험을 한 다른 어머니가 말했다.

우리 아이도 비슷하게 말하더라고요.

"엄마, 이 비행기는 너무 작아서 엄마 못 타요." 하고요.

배운 대로 말했죠.

"그러네. 이 비행기에는 엄마가 못 타겠네. 그럼 우리 아들이 어떤 비행기를 만들면 엄마가 탈 수 있을까?"

아이가 금방 대답하더라고요.

"아, 맞다, 엄마가 타려면 큰 비행기 만들면 되겠네. 엄마, 제가 큰 비행기 만들어서 엄마 태워 드릴게요."라고요.

제 아이도 말하더라고요.

"와아, 우리 아들이 혼자서 비행기를 다 만들었네. 우리 아들이 만든 비행기를 보니까 엄마가 타고 싶네." 했더니

"엄마, 엄마는 여기 제 옆에 탔어요." 하는 거예요. 그래서 제가 말했죠.

"그래? 그럼 동생은?"
"동생도 여기 옆에 앉았어요."
"그렇구나, 그럼 아빠랑 할머니 할아버지는?"

"아, 그럼 크게 만들어서 태워 드릴게요."

하고요. 아이들의 상상력은 대단한 것 같습니다.

그 상상력이 모여서 아이들의 미래를 만든다. 부모역할의 중요성을 증명해 주는 사건들이다.

'돌아가면서 주는 상 받았나?'

상 받았다는 아들의 말에 엄마가 하고 싶은 말

초등학교 1학년인 큰아이 성주가 처음으로 상장을 받아 왔습니다. 아이는 헐레벌떡 현관으로 뛰어 들어와 상장 하나를 내밀며 말했습니다.

"엄마, 저 이 상장 받았어요."

"우수상

제 1학년 3반 이름 신성주

위 어린이는 독후 활동 대회(독후화 그리기)에서 위와 같이 입상하였기에 이를 칭찬하여 상장을 줍니다."

저는 상장에 쓴 내용을 보면서 도저히 상상할 수 없었습니다. 가작도 아니고 우수상이라니요. 그것도 책을 읽고 그림을 그린 독후화에서 상장이라니요. "정말이야, 만화책만 읽는 네가 책을 읽고 그림을 그려? 그걸로 상을 받아? 이거 네가 받은 상 맞아? 너네 반에서는 상을 돌아가며 주는 거니?" 하고 싶었지만 잠깐 멈추고 말했습니다.

"와아! 그래? 상을 받았어. 우수상이네. 축하해. 우리 성주가 이 그림을 열심히 그렸구나."

"엄마, 이순신 장군 책을 읽고 거북선을 그렸는데 배 등 위에 뾰족뾰족한 침 같은 것도 그리고, 파도가 출렁이는 것도 그리고 용머리도 그렸어요. 이순신 장군은 너무 어려워서 못 그렸어요."

"그랬구나. 거북선을 그렸구나. 그 거북선 그림 엄마가 보고 싶네."

"엄마, 지금은 학교 복도 벽에 전시했는데 나중에 가져 올 거예요. 그때 보세요."

제가 보고 싶다는 말에 아이는 더욱 신이 나서 말했습니다. '내 그림이 어떤 그림인데, 학교 복도에 전시된 그림이라고.' 자랑하듯 어깨가 올라갔습니다. 그런데도 왠지 저는 믿어지지 않았습니다. 혹시 제가 담임선생님을 찾아 뵌 적이 없어서 선생님을 뵈러 오라는 신호인가 하는 불손한 의심도 했지만 교육을 받고 있었기 때문에 멈추고 기다렸습니다.

드디어, 두 달이 지난 어느 날. 아이가 그림을 가지고 와서 신나게 설명했습니다.

"엄마, 이 그림이에요. 이게 제가 그린 거북선이에요. 등 위의 뾰족뾰족한 침, 이건 용머리. 그런데 이순신 장군은 어려워서 못 그렸어요."

이순신 장군을 그리지 못한 게 많이 아쉬웠는지 또 강조하며 말했습니다. 저는 또 실망했습니다. 거북선이라고 그렸는데 풍뎅이 같이 통통한 모습에 앞쪽에 잠자리 머린지 뭔지 그렸고 그림의 절반은 땅이었고, 긴 줄 같은 것이 땅 속으로 이어져 있었습니다. 그러니 저는 그림을 보며 말하고 싶었습니다.

'이게 거북선이야, 이게! 거북선은 바다에 있는데 무슨 땅을 이렇게 크게 그려? 주객이 바뀌었잖아. 이게 어떻게 바다에 떠 있는 거북선이냐구. 땅 위에 있는 거북선이지. 뚱뚱한 풍뎅이도 아니고 몸뚱이 하나만 그렸는데. 이게 용머리야? 잠자리 머리도 안 되네.' 하고 싶었지만 아이에게 힘을 주는 격려자가 되려고 간신히 이성을 되찾고, 또 배우는 힘으로 말했습니다.

"와! 그래. 이 그림이구나. 등에 뾰족뾰족한 침. 여기 용머리, 파도가 출렁이는 거 같네. 색칠도 꼼꼼히 했네. 엄마 이 거북선 타고 싶네."

칭찬할 수 있는 모든 것을 찾아가며 말했습니다. 특히 "거북선을 타고 싶네." 하는 말은 언젠가 꼭 하고 싶었던 말입니다. 왜냐하면 배웠으니까요. 아이가 모형 비행기를 만들어 와서 엄마가 "타고 싶네." 하면 아이는 웃으며 "엄마, 제가 이다음에 비행기 만들어서 태워 드릴게요." 하는 내용을 배웠기 때문입니다. 제가 "엄마 이 거북선 타고 싶네.” 하면 아이가 “네. 엄마, 제가 이다음에 거북선 만들어서 엄마 태워 드릴게요.” 하는 말을 듣게 될 것이라 기대하며 부푼 마음으로 말했습니다. 그런데 아이가 갑자기 활짝 웃으며 말했습니다.

“네? 엄마가 군인도 아닌데 어떻게 이 거북선을 타요?”
저는 약간 실망했지만 그냥 생각나는 대로 말했습니다.
“그렇구나, 그러네. 거북선은 군인만 탈 수 있구나. 히히히.”

아이와 저는 유쾌하게 웃었습니다. 대화가 이렇게 이어지다니요. 예전이라면 무심하게 ‘으이그, 이게 그림이냐, 어떻게 이 그림으로 상을 받아, 상을. 앞으로 잘 그리라고 주신 상이겠지. 그러니까 더 열심히 해.’ 하고 끝났을 것입니다. 그랬다면 제 아이도 입을 다물었겠죠. 그런데 제 칭찬이 무언가 2% 부족한 느낌이 들었습니다. 뭐가 부족한 건가요?
그리고 도대체 제 안에서 툭툭 튀어나오는 부정적인 생각들은 어디에서 오는 것일까요? 저는 미국의 교육철학자 로버트 허친스가 한 말, ‘교육은 계속되는 대화’라는 말의 의미를 되새겼습니다.

그리고 저 자신을 돌아보는 시간을 가졌습니다. 제 어린 시절은 암울했습니다. 아들을 원하셨던 친정에서 셋째 딸로 태어난 저는 어머니에게 눈물이 되었습니다. 옆집 아주머니에게 전교 1등과 2등을 한 언니들 얘기를 하면서 반에서만 1등인 제 얘기는 하지 않으셨던 어머니. 문 뒤에 숨어서 듣던 제게, 제 이름이 빠진 어머니의 자랑은 제 슬픔이었습니다. 결국 남동생과 두 언니는 더 좋고 등록금도 적게 드는 국립 S대학교에, 저만 등록금이 비싼 사립 E여대에 다녔습니다. 악으로 버텼던 제 학창 시절은 어머니에게 위로도 자랑도 될 수 없었습니다. 아들만 셋인 옆집에서 아들과 저를 바꾸자는 말도 늘 저를 불안하게 했습니다.

대학원을 나와 약사로 근무하던 저는 결혼만 하면 자연스럽게 엄마가 되는 줄 알았습니다. 시험관 시술로 아이의 심장 고동을 듣던 그 벅찬 감동도 충만감도 아이가 태어나면서 모두 깨졌습니다. 책에서는 분명히 신생아는 하루 중 거의 대부분 잠을 잔다고 했는데 제 아이는 잠을 자지 않고 울고, 병치레가 심했습니다. 남편은 집에 있을 때 신문이나 책만 봤습니다. 자연스럽게 임신이 된 둘째 아이도 선천성으로 심장에 병이 있어 6개월 만에 수술하면서 저는 어두운 터널 속으로 빠져들었습니다. '이게 뭐야, 내 인생이 이게 뭐야.' 저 자신에게, 남편에게 쏟고 싶은 불만을 아이들에게 쏟았습니다. 22개월에 동생을 본 큰아이는 다 큰아이가 되어야 했습니다. 다 큰 너라도 엄마에게 도움이 되어야지, 왜 이렇게 엄마 말을 안 들어. 엄마가 방문 살살 닫으라고 했지? 몇 번을 말해야 알아들어? 아이에게 소리 지르는 자신도 괴로웠습니다. 도대체 양육을 어떻게 하라는 거야, 안개 속을 헤맬 때 이 강의를 듣게 되었습니다.

자신의 얘기를 들려준 성주 어머니는 성주가 그린 그림을 보며 말했다.
"선생님, 이 그림으로, 어떻게 아이에게 힘이 되는 격려를 해야 할까요?"

우리는 함께 나누었고, 성주 어머니는 배운 대로 다시 성주와 얘기했고, 그 결과를 우리에게 전해 주었다.

"성주야, 이민정 선생님이 이 그림을 보시더니 말씀하시더라.

'와! 이 순신 장군이 왜적을 무찌른 그 거북선을 그렸구나. 거북선 안에 뭐가 많이 들어 있는 것 같네. 뭐가 들었을까?' 하고 말이야."

그때였습니다. 아이는 제 말이 끝나기가 무섭게 말하더라고요.
"어, 그거 3층이야, 3층! 3층에 이순신 장군이랑 대포가 있고, 2층에 노 젓는 군인들이 있고, 1층엔 식량이랑 총알이 있어."
저는 놀라고 또 놀랐습니다. 그리고 말했죠.
"아… 그렇구나, 그래서 거북선을 뚱뚱하게 그렸구나."
"네, 맞아요, 그래서 뚱뚱하게 그린 거예요. 엄마, 내가 이순신 장군도 그리고 싶었는데 어려워서 못 그렸어요."

"그랬구나. 이 거북선으로 이순신 장군이 왜적을 무찔렀구나. 엄마가 군인이라면 성주가 만든 이 거북선에 타고 싶네."

"그런데 엄마 이건 그림인데 어떻게 타요?"

"그렇지. 여기 그림엔 탈 수 없지. 그런데 집을 지을 때 '이게 앞으로 지을 집입니다.' 하고 먼저 종이에 그림으로 그려. 그리고 사람이 실제로 살 수 있도록 집을 만드는 거야. 그래서 네가 그린 그림 속 거북선을 진짜 만든다면 타고 싶다는 거야."

"아아! 그렇구나. 알았어요. 엄마, 엄마도 태워 드릴게요."
"고마워. 우리 아들."

드디어 저도 아들이 만든 거북선에 탈 수 있게 되었습니다. 그 사건 이후, 만화책만 보던 성주는 위인전을 보기 시작했습니다. 이순신 장군에 대해 할 말이 많아졌습니다. 뚱뚱한 풍뎅이 같이 보였던 거북선에 1층, 2층, 3층이 있다는 얘기를 아들에게 들을 수 있었던 것은 환상적인 결과였습니다. 제가 예전처럼 아이가 상을 받아왔을 때 별 생각없이 "그래? 무슨 상인데, 그림 그려서 상을 받았다고? 뭐 잘못 된 게 아냐? 네가 상 받을 그림을 그렸다구? 그 상 너네 반 아이들에게 돌아가면서 주는 상 아냐." 했다면 아이는 시무룩하게 방으로 들어갔을 것이고 아마 만화책만 계속 보았을 겁니다. 물론 저는 아이가 그린 거북선이 3층으로 되어있다는 놀라운 사실도 몰랐을 것이고 그 다음의 신나는 대화들은 이어지지 않았을 것입니다. 교육은 역시 대화에서 시작되네요. 그 이후, 아이가 읽는 책은 만화책에서 동화책으로 바뀌었고 특히 이순신 장군에 대해서는 특별한 관심을 갖게 되었습니다.

그 후의 일입니다. 큰아이가 몸을 비비꼬며 제 무릎에 앉더니 제게 몸을 기대었습니다. 저는 놀랐습니다.

'어? 한 번도 하지 않던 모습이네.'

왜냐하면 제 무릎은 늘 심장수술을 한 둘째 아이 자리였거든요. 저는 그제야 알았습니다.

'그렇구나. 큰아이가 늘 이 자리를 바라보며 기다리고 있었구나. 자기도 앉을 수 있는 날을. 동생처럼 이 자리에 앉고 싶었구나. 그리고 엄마의 마음이 열리는 날을 기다리고 있었구나.'

저는 미안하고 미안했습니다. 그리고 꼭 안았습니다. 나에게 와 준 아이가, 기다려 준 아이가 고마웠습니다. 이제는 얼굴을 비비며 사랑한다고 말해도 어색하지 않습니다. 지금은 자동차 문을 먼저 열어 주고, 무거운 짐을 날라 주고, 엄마 칫솔에 치약을 짜 주고, 아이와의 벽이 사라졌습니다. 그 후, 저는 용기를 내어 친정어머니에게도 마음을 표현했습니다. 지난 번 친정에 들렀다가 아파트 복도로 따라 나오시는 어머니를 가만히 안으며 말했습니다.

"우리 엄마, 한 번 안아 봐요.… 엄마, 저를 낳아 주시고 키워 주셔서 고맙습니다."

세상에 태어나서 40년 만에 처음이었습니다. 진정 사랑하는 마음으로 어머니를 안은 것은. 어머니도 저를 보며,

"아이 낳고 잘 살아 줘서 고맙다."

하시더라고요. 저는 부모님에게 받은 게 감사한데 어머니는 내가 잘 살고 있는 것으로도 감사하다고 하시는구나. 아! 이게 부모의 마음이구나.

저는 집에 돌아와서 생각했습니다. '내가 어떻게 이 자리에 서 있을까. 오늘도 왜 내가 공부하고 있을까.' 생각해 보니 내가 누군가에게 기쁨이 되고자, 아니 이미 기쁨인 것을 누리고자, 그리고 나와 함께 하는 사람이 나로 인해 이 기쁨을 누리게 하고자 오늘도 공부하고 이 자리에 서 있구나 하는 걸 느꼈습니다.

며칠 전이었습니다. 유치원 선생님들과 강의 후의 애프터 모임을 하고 집에 오니 밤 9시 반이었습니다. 제가 들어오는 소리를 듣고 이제는 초등학교 4학년이 된 성주가 "엄마~." 하며 반갑게 달려왔습니다. 잠자리에 같이 누워서 축구 이야기를 하다가 아이가 말했습니다.

성주: 엄마, 엄마가 아훈 배우기 전에는 엄청 무서웠는데….

엄마: 그치…. 그런데 그게 다 기억나?

성주: 그럼요. 내가 네 살 때인가. 무슨 일이었는지 기억은 안 나는데 그때 엄마가 엄청 화냈던 거 기억나요.

엄마: 그래. 그때 엄마 표정, 목소리, 분위기…. 그런 거 기억나지.

성주: 네.

엄마: 미안해. 정말 미안해.

지금은 얼마나 덜 무서운지, 얼마나 변했는지 궁금했지만 자신이 없어서 물어보지 못했습니다. 그래도 공부를 시작한지 만 3년 만에 이렇게 아들의 마음속에 있는 얘기를 처음 들었습니다. 가끔 엄마가 얼마나 변했냐고 물으면 "아니요, 안 변했어요. 그냥 쬐끔요." 하는 아이가 먼저 예전에 "엄청 무서웠다."는 얘기를 하는 것만으로도 감사했습니다. 사춘기 이전에 아들과 화해할 수 있어서 얼마나 감사한지요. 저는 그런 아이가 고맙고 또 미안해서 머리를 한 번 더 쓰다듬었습니다.

성주에 대한 얘기를 듣고 있던 나는 성주 어머니가 고마워서 나의 모든 사랑을 담아 성주 어머니의 머리를 쓰다듬어 주고 싶었다.

올바른 길을 알려 줄 것이라 믿는 부모에게 아이들은 안심하고 묻는다

네비게이션이 없을 때 조마조마하며 강의 장소를 찾아간 적이 많았다. 언젠가는 돌고 돌아서 40분 늦게 도착해서 강의를 못한 경우도 있다. 때로는 자신 있게 알려 준 길을 한참 신나게 달리다가 다른 이에게 물어보면 한참을 잘못 왔다고 해서 왔던 길을 되돌아가기도 했다. 누가 어떤 길을 알려 주느냐에 따라 우리는 올바른 길을 가기도 하고 잘못된 길을 가기도 한다.

중3 학생이 친구에게 상담한다.
"야, 나 학교 그만둘까 봐."
한 친구가 말한다.
"야! 너 미쳤냐, 학교 그만두고 어떻게 할 건데? 너네 부모님에게 이 얘기할까?"
또 다른 친구가 말한다.

"뭐? 학교 그만둔다고? 나도 그래. 나도 그런 생각이야."

자신의 생각을 비난하는 친구와 자신의 생각에 동의하는 친구 중 이 학생은 누구에게 자신의 고민을 털어놓고 싶을까.

살면서 어떤 상담자를 만나느냐는 것은 우리의 삶에서 매우 중요하다. 특히 아이들은 성장하면서 많은 상담과 도움을 필요로 한다. 아이들은 부모가 자신에게 가장 도움이 되는 올바른 길을 알려 줄 것이라고 믿고 묻는다. 그러나 처음부터 비난하는 부모와는 상담하려 하지 않는다.

"엄마, 나 오늘 학교 안 가면 안 돼요? 선생님이 너무 무서워요."
"아빠, 이 문제 잘 모르는데 아빠가 얘기해 주시면 안 돼요?"
"엄마, 체험학습장에 가는데 게임기 가져가면 안 돼요?"
"아빠 반에서 회장이 더 높아요, 반장이 더 높아요?"
"아빠, 5만 원이 든 지갑을 잃어버렸어요."
"엄마, 형이 자꾸 발로 차요."

그러나 이러한 질문에 대한 부모의 대답에 자신이 이해받지 못한다고 느끼거나 실망하면 아이들은 어디로 갈 것인가.

남편이 아내에게 상담하기도 한다.
"여보, 나 회사 그만둘까 봐. 당신 생각은 어때?"
"여보, 나 다시 공부하고 싶은데 당신 생각은 어때?"

이러한 상담은 결과에 따라 신뢰를 얻게 되기도 하고 신뢰를 잃게 되기도 한다.

올바른 방향으로 안내하는 지혜로운 상담자 역할은 어떻게 하는 것일까?

경비 아저씨 돈 받잖아요. 그런데 왜 떡을 드려요?

경비 아저씨에게 떡을 갖다 드린다는 엄마에게 아들이

아이들이 세상을 바르게 살도록 어떻게 상담해야 하는지 한 수강생이 질문했다.

남편이 개업하는 곳에서 떡을 많이 받아왔습니다. 저는 많은 떡을 이웃들과 나눠야겠다는 생각으로 떡을 나누고 있었습니다. 초등학교 4학년 아들이 저를 보며 말했습니다.

"엄마, 왜 떡을 나눠요?"
"응, 태호 네도 주고, 경비 아저씨도 드리고…."
"경비아저씨는 왜 드려요?"
"우리를 위해서 일해 주셔서 고맙잖아."
"일하고 돈 받으시잖아요."

저는 아들의 말에 당황스러웠습니다.

'얘가 왜 이래? 이제 좀 컸다고 그러나? 돈이면 다야. 왜 이렇게 이기적이야. 누구 닮아서.'

부모로서 아이에게 가르쳐야 할 무엇인가 중요한 핵심이 빠진 듯했습니다. 순간 감정이 조금은 올라갔지만 잠시 멈추자 저를 돌아보게 되었습니다. '내 모습이구나.' 저는 마음을 추스르고 말했습니다.

"(톤이 약간은 올라가서 당황한 목소리로) 그래도 우리를 위해서 일해 주시잖아."

아이는 머쓱해하며 제 목소리에 위협을 느꼈는지 입을 다물고 슬그머니 방으로 들어갔습니다.

'이럴 때 어떻게 가르쳐야 하나.' 저는 이대로 끝내면 안 될 것 같아서 아이를 따라 방으로 들어갔습니다. 아이에게 제 모든 실력을 동원해서 알려 주고 싶었습니다. '경비아저씨는 돈을 받고 일하시지만 우리를 위해서 열심히 일하시잖아. 그래서 엄마는 고마워. 엄마가 떡을 드리면 서로서로 기분 좋잖아. 그러면 우리 집 일도 한 번 더 봐 주시고 택배 맡기기도 좋고 그렇잖아.' 하며 알려 주고 싶었습니다. 제 실력이 어설퍼서 대화도 어설펐지만 어설픈 대화를 시도했습니다.

"성호야, 일을 하면 왜 돈을 받지? "

결국 설득, 설교, 훈계, 충고에 들어갔습니다. 아이는 무슨 소린가 하는 분위기입니다.

"음… 힘을 쓰고 노력하니까."

"힘을 쓰고 노력하면 왜 돈을 줄까?"

"…."

"힘과 시간을 들이기 때문이지. 그리고 힘과 시간을 들인다는 건 그 사람 생명을 준다는 거지. 생명과 돈 가운데 뭐가 중요해?"

"생명."

"그렇지. 그래서 경비 아저씨가 돈을 받으셔도 우리가 감사하는 거야."

대화는 어설프게 끝났습니다. 아이에게 보이지 않는 '마음'을 보는 것, 그것은 가치로운 것, 그것은 기쁨이 된다는 것을 가르치고 싶었습니다. 그러나 내가 한 말은 결국 어려운 잔소리밖에 되지 않았습니다. 저는 연구소에서 배웠다고 하면서 아이와 다시 그날로 돌아가서 되돌리기 식 대화를 했습니다.

"성호야, 경비 아저씨 떡 얘기 다시 해 볼래"

"아, 그 얘기요? 일하고 돈 받으시잖아요."

"그렇지. 그런데 이 떡은 돈하고 다른 고마운 마음의 표현이야. 그래서 엄마는 고마운 마음을 떡으로 드리려고 해."

"그래도 돈 받으시잖아요."

"그렇지. 돈 받으시지. 그런데 엄마는 우리를 위해 일하시는 아저씨에게 돈 하고 다른 고마운 마음을 드리고 싶어. 고마움의 선물은 사람을 행복하게 하거든."

저는 잠시 뜸을 들이고 다시 말했습니다.
"엄마가 이렇게 배웠어. 이해가 돼?"
아이는 묘한 웃음을 띠며 시원스럽게 말했습니다.
"그럼요. 엄마, 완전 이해돼요. 그리고 엄마 다음엔 경비 아저씨께 제가 떡을 갖다 드릴게요."

선생님, 대박이에요. 대박. 완전 대박이에요. 어떻게 우리 아이가 그런 대답을 하는지요. 제 아이의 선한 마음을 꺼내 줬다는 얘기죠. 저는 아들을 보며 제 실력을 다 모아서 말했습니다.
"경비 아저씨가 기뻐하시겠네. 그리고 하느님도 기뻐하시겠지. 엄마의 이 기쁜 마음처럼."
성호 어머니는 학교 교육을 많이 받았지만 실제 상황에서는 자신이 가르치고자 하는 삶의 태도를 어떤 대화로 어떻게 가르쳐야 하는지 생각나지 않아 난감했다고 하면서 말했다.

"사실은 이렇게 대화하면서 저 자신이 다짐하게 되더라고요. 정말로 나누며 살아야 한다는 것을요. 돈과 고마움의 선물이 다르다는 것을 생각하게 됐구요. 그리고 제 안에 어딘가 빈 구석이 채워지는 느낌도 들었습니다."

아이들은 작은 사건에서 부모와 대화하며 나눔의 의미가 무엇인지, 세상을 어떻게 살아야 하는지, 삶의 태도를 배우게 된다. 부모 또한 자녀와 함께 배우며 발전한다. 자녀는 부모를 성숙시키기 위한 신의 선물인가. 아훈은 '어떻게 삶을 아름답게 살 것인가?'를 실천하는 훈련이다.

우리가 정말 알아야 할 모든 것은 어린 시절에 부모와의 대화에서 배우는 것이다.

사람은 서로 다르다

“같은 부모님 밑에서 태어난 자식도 모두 아롱이다롱이란다.”

내가 어렸을 때 어머님에게서 자주 들었던 말이다. 그때 나는 정확한 뜻을 이해할 수는 없었지만 사람들은 뭔가 서로 다르구나 하는 생각을 했다. 우리는 서로 다른 사람들이 각각 다르게 살아왔지만 함께 살게 된다.

그 다른 사람들이 모여서 사회를 이룬다. 그 다름을 이해하고 수용할 준비가 되었을 때 아름다운 인간관계는 이루어진다.

언젠가 TV에서 시어머니가 외국인인 며느리 나라를 방문하는 내용이 나왔다. 며느리가 살고 있던 곳의 물은 거의 흙탕물이었고 그 물에서 야채를 씻고 그릇을 씻고 빨래를 했다. 시어머니는 그제서야 생각이 바뀌었다.

"아하! 며느리가 이런 데서 살았기 때문에 우리 집에서 물 사용하는 걸 보며 내 마음이 불편했었구나."

이렇게 우리는 서로 다른 지역, 환경, 문화, 인간관계 속에서 살고 이 모든 것은 한 사람의 가치관이 된다. 좋다, 싫다, 옳다, 그르다를 각각 자신의 기준으로 삼는다. 이렇게 형성된 자신의 기준들이 다른 사람들을 만나면서 충돌하느냐, 수용하느냐에 따라서 인간관계에서 중요한 결과를 낳게 된다. 서로 다름을 수용하고 이해하는 훈련은 아름다운 인간관계를 이루는 데 중요한 열쇠다.

정재 거니까 정재가 준다고 했으면 되는 거잖아요

친구에게서 책을 받은 아이가 엄마에게

학원에서 돌아온 일곱 살 아들이 신이 나서 제게 말했습니다.

영민: 엄마~ 정재가 책 줬어요.

엄마: 응? 무슨 책?

영민: 『마법천자문』요.

저는 아들의 말을 듣고 의아했습니다. 어린이 한자 학습만화인 『마법천자문』은 시리즈로 나오는 책인데 중간에 한 권이 없어지면 난처할 텐데 그 중 한 권을 줬다고 했기 때문입니다. 저는 제가 빌려왔다는 말을 잘못 들었나 해서 확인하려고 말했습니다.

엄마: 그래~ 다 보고 돌려주려고?

영민: 아니~ 이거 나 가지라고 준 거예요.

엄마: 책을?

영민: 네.

엄마: 그런데 그 책을 너에게 줬다는 걸 정재 엄마는 알고 계시는 건가?

영민: 몰라요~.

엄마: 정재 엄마도 허락하셔야 하지 않을까? 엄마한테 정재 엄마 연락처가 없는데. 어쩌나. 네가 정재한테 가서 물어보면 어때?

영민: 뭐라고 물어봐요?

엄마: 정재 엄마도 너에게 책 준 걸 알고 계시냐고.

영민: 알았어요. 그런데 정재 거니까 정재가 준다고 했으면 되는 거잖아요.

엄마: 글쎄, 엄마는 네가 엄마한테 물어보지 않고 너 마음대로 네 친구에게 책을 주면 엄마는 서운할 것 같은데.

영민: ….

엄마: 영민아~ 어떡하면 좋을까. 엄마가 어떻게 하는 게 옳은 일인지 모르겠다. 어렵네. 엄마가 내일 아훈연구소에 가는데 이민정 선생님께 여쭤보고 와서 다시 얘기할까?

영민: 네!

엄마: 영민아, 그 책 보고 싶으면 엄마도 사 줄 수 있어.

영민: 이민정 선생님한테 여쭤 보고 나서 그때 사 줘요.

엄마: 그럼 내일 얘기하자.

영민: 알았어요.

선생님, 이런 경우 어떻게 해야 하지요? 아마도 제가 이러한 교육을 받지 않는다면 쉽게 말했을 것입니다.

"뭐라구? 정재가 엄마 모르게 준 책을 네가 받는다고? 그건 말도 안 돼. 엄마가 사 주셨는데 엄마 모르게 책을 다른 사람에게 주면 그건 훔쳐서 주는 거나 마찬가지야. 그리고 그 책은 시리즈로 되어 있는데 중간에 한 권이 없으면 어떻게 되겠어? 이 책 오늘 다 읽고 내일 꼭 갖다 줘."

"정재 거니까 정재가 준다고 했으면 되는 거잖아요."

"그게 어떻게 정재 꺼야? 정재가 돈 벌어서 산 거야? 딴소리 말고 내일 꼭 갖다 줘!"

이렇게 끝났을 텐데 저는 영민이에게 엄마가 연구소에서 배웠다고 하면서 다시 처음으로 돌아가서 말하자고 했습니다.

영민: 엄마~ 정재가 책 줬어요.

엄마: 정재가 책을 줬다고~.

영민: 네. 『마법천자문』 책이요.

엄마: 그럴 만한 이유가 있었구나.

영민: 아뇨. 그냥 나 가지라고 줬어요.

엄마: 정재 엄마도 알고 계실까?

영민: 몰라요.

엄마: 엄마는 이런 책은 정재 엄마도 정재랑 같은 마음으로 줄 때

네가 받을 수 있다고 생각해.

영민: 정재 거니까 정재가 준다고 했으면 되는 거잖아요.

엄마: 영민아, 그건 정재 부모님이 사 주신 책이기 때문에 부모님의 허락을 받아서 줄 때 받을 수 있는 거야. 그래서 정재 부모님에게 허락을 받았는지 아닌지 정재 얘기를 듣고 네가 받을 수도 있고 돌려줘야 할 수도 있어. 그래서 정재 부모님이 정재랑 다른 마음이라고 하시고 네가 그 책을 꼭 보고 싶다고 하면 엄마가 사 줄 수 있어.

영민: 알았어요. 엄마, 정재에게 물어볼게요. 그런데요 엄마, 내가 정재에게 어떻게 말해요?

저는 아들과 함께 아들이 정재에게 어떻게 말해야 하는지 연습했습니다.

영민: 정재야, 어제 네가 준 그 책 우리 엄마에게 얘기했더니 엄마가 너한테 많이 고맙대. 그런데 그 책 너네 엄마한테 허락을 받고 줬는지 궁금하다고 하시더라.

정재: 왜?

영민: 그 책은 너네 부모님이 사 주신 책이어서 너네 부모님의 허락을 받고 줄 때 내가 받을 수 있다고 하셨어. 네가 부모님

께 허락을 받았다면 내가 받을게. 그리고 우리 엄마가 너한테 아주 많이 고맙다고 하셨어.

"엄마, 이렇게 하면 돼요? 그런데 혹시 정재가 우리 할머니가 사주셨어. 하면 어떡하죠?"

물론 저는 그러면 할머니의 허락을 받아야 한다고 했습니다. 그런데 다음날 영민이는 책을 정재에게 주고 왔다고 합니다. 정재 어머니는 다른 마음이라고 하셨다면서요.

그래서 제가 사 준다고 하자 이미 다 보았기 때문에 지금은 사지 않아도 된다고 했습니다.

그런데 영민이 어머니는 며칠 후에 정재 어머니를 만난 이야기를 했다.

저를 만난 정재 어머니가 제게 많이 고맙다고 하더라고요. 직장에 다니는 정재 어머니는 아이에게 미안해서 아이가 사 달라는 걸 거의 다 사 준다고 해요. 그런데 아이가 자기 물건 아까운 줄 모르고 남에게 많이 주어서 그 일로 자주 아이랑 다투는데 그 책 이야기 후에 완전히 달라졌대요. 누구에게 뭔가를 줄 때는 엄마도 같은 마음이냐고 묻고 다른 마음이라고 하면 그대로 인정한다는 것입니다. 아이가 뭔가 체계가 잡히는 느낌이 든다고 하면서 고맙다고 하더라고요. 물론 영민이도 그 사건 이후에 자주 제게 묻습니다.

"엄마, 엄마도 같은 마음이에요?" 하고요.

영민이도 정재도 작은 사건 하나로 세상은 나 혼자의 생각대로 사는 것이 아니라는 사실을 배우는 계기가 되었다. 다른 사람의 생각과 나의 생각이 다름을 배우고 다른 사람을 배려하는 마음을 갖게 된 것이다.

엄마가 다시 예쁘게 이야기하니까 좋다

차 뒷자석에서 아빠 엄마의 대화를 듣던 다섯 살 된 아들이

저는 요즘 집안일에 많이 소홀해졌습니다. 아름다운 인간관계 훈련 강사과정에 참가하면서 가족들의 식사 준비에 더욱 그러했습니다. 물론 남편과 아이들에게 양해를 구했지만 많이 미안합니다. 그러나 적극적으로 지지해 주는 남편이 있어 훈훈한 날들을 보내고 있습니다. 지난 주말이었습니다. 오랜만에 가족들과 장을 보고 집으로 돌아가는 승용차 안에서 일어난 일입니다. 남편은 모처럼 푸짐한 식재료들을 보며 말했습니다.

"이것저것 많이 샀네."

"네~ 사다 보니 많아졌네요."

"나는 자기가 해 준 소야(소시지야채볶음)가 제일 맛있더라 ~."

"(뭐라구? 소야 해 달라고, 자기가 뭐랬어, 나 요즘 바빠서 음식 만드는 거 봐 준다며? 하고 싶었지만) 그래요? 저녁에 해 줄게요."

"실은 나 오징어볶음도 딴 데서 못 먹겠더라."

"(뭐라구? 오징어볶음도 해 달라고? 정말, 이 남자가? 그래도 한 번 더 봐 주자.) 으 ~ 응 저녁에 오징어볶음도 해 줄게요."

"순두부도 고소한데 저녁에 순두부 먹을까?"

"('진짜 못 참겠네.' 짜증스럽게 큰소리로) 자기야! 내가 미리 양해 구하지 않았어요? 저녁에 과제 준비해야 하는데 당신이 뭐 먹고 싶다 먹고 싶다 몇 개씩 이야기 하면 어떡하라고! 다른 분들은 남편이 반찬도 다 사먹자고 한다는데."

"아니, 말도 못하냐? 됐어! 아무것도 하지 마!"

"???"

남편이 버럭 화를 내자 저는 갑자기 먹먹해졌습니다. '어떡하지? 뭐가 잘못됐지?' 저는 한참 생각했습니다.

'그렇지. 내가 가족들과 행복한 관계를 위해 공부하고 있는데, 다시 해보자.' 생각을 바꾸어 말했습니다.

"… 여보… 미안한데요,… 우리 다시 대화해요."

"뭐?"

"다시 2분 전, 상황으로 되돌아갔다 생각하고 소야 먹고 싶다고 한 부분부터 시작해 봐요. 자 되감기!"

머뭇거리며 멋쩍어하던 남편이 힐끔 저를 보더니 고개를 돌리며 말했습니다.

"음… 자기가 해 준 소야가 맛있긴 맛있어."

남편은 초등학생이 처음으로 연극 연습하듯이 어색하게 말했습니다. 저는 얼른 남편 말을 받아서 상냥하게 말했습니다.

"아~ 그래요~ 당신 제가 만든 소야가 맛있다고요. 저녁에 준비할게요."

"괜찮은데… 음… 오징어볶음도 딴 데서 한 건 못 먹겠더라, 그런데 저녁엔 순두부찌개 먹을까?

"아~ 오늘 저녁엔 순두부찌개 드시고 싶다고요. 집에 가면 찌개 맛있게 끓일게요."

"… 응."

"여보~ 당신이 제가 만든 음식 맛있다고 칭찬해 줘서 고마워요. 그런데 당신이 음식 이름을 몇 개 말하니까 과제 생각으로 마음이 바쁜데 상당히 부담이 되더라고요. 과제할 시간이 줄어들까봐 걱정돼요."

(다시 수정한다면 '여보, 칭찬해 줘서 고마워요. 그리고 당신이 먹고 싶다는 음식 얘기를 들으면서 그걸 다 해 달라는 말로 저 혼자 오해해서 들었어요. 그리고 그걸 다 해 드리고 싶은 마음, 과제 준비해야 하는 마음이 겹쳐져서 걱정이 됐어요.')

"그래. 당신 마음 알겠어. 저녁 간단히 먹자. 그리고 설거지 내가 할게."

"여보~ 정말 고마워요."

"나도 좋네. 얼른 집에 가자."

남편이 저를 보며 씨익 웃더라고요. 저도 남편을 보며 활짝 웃었습니다. 남편이 되돌리기 대화에 협조해 줘서 고마웠고 제 마음을 이해하고 도와준다고 해서 고마웠습니다. 되돌리기 대화를 할 때는 전혀 화가 나지 않았습니다. 왜냐하면 제가 남편이 어떤 이야기를 하더라도 절대로 화내지 않는다는 각오를 하고 되돌리기 대화를 했기 때문이었습니다. 들을 준비를 하고 남편의 말을 잘 들었더니 더 이해가 되고 고마운 말들도 들리더라고요. 그래서 사람은 배워야 한다고 하나 봅니다. 그런데 더 중요한 것은 뒷자리에 앉아 있던 다섯 살 된 아들이 저를 부르며 했던 말이었습니다.

"엄마, 엄마가 다시 예쁘게 이야기하니깐 좋다."

얼마 전 아들은 남편의 발길에 차여 넘어졌던 아이였습니다. 남편은 아침 출근길에 아이를 유치원에 데려다 줍니다. 그날은 아이가 안 간다고 떼를 쓰는 바람에 빨리 하라고 재촉하다가 발로 걷어찼습니다. 아이가 벌러덩 뒤로 나뒹굴었습니다. 그날 아침 저의 집은 엉망이었습니다. 저는 창피하지만 소리 지르며 말했죠.

"네가 사람이냐. 그러고도 아비 될 자격이 있냐." 등등 할 말 못 할 말 가리지 않고 떠들었죠. 이런 대화 방법으로 우리는 이혼 서류를 들고 다니고 있었습니다. 그런데 유치원에서 특강을 듣고 제가 아훈 프로그램에 참가하면서 아이들도 저와 남편이 달라지는 집안 분위기를 느끼나 봅니다. 조금 전에도 아이가 얼마나 마음 졸였을까 생각하며 말했습니다.

"지훈아, 엄마 칭찬해 줘서 고마워. 엄마가 열심히 배워서 예쁘게 말하는 엄마 될게."

잠시 후에 남편도 말했습니다.

"지훈아, 아빠도 고마워. 네가 못된 아빠를 참고 기다려 줘서 고마워. 아빠도 엄마한테 배워서 예쁘게 말하는 아빠 될게."

아이가 활짝 웃으면서 말했습니다.

"와아! 우리 집은 행복한 집이다."

"그래, 우리 집은 행복한 집이다."

남편과 저도 아이의 말을 따라 큰 소리로 합창했습니다. 어둡고 살벌하던 차 안의 분위기가 가을 날씨처럼 시원하고 따뜻했습니다. 계속 배우며 살겠다고 마음먹었습니다.

지훈이 어머니의 행복한 사례를 들으며 우리는 다시 되돌아가 지훈이 아빠가 했던 말을 생각해 본다.

"나는 자기가 해 준 소야가 제일 맛있더라~."

"실은 나 오징어 볶음도 딴 데서 못 먹겠더라."

"순두부도 고소한데 저녁에 순두부 먹을까?"

남편이 한 말은 오랜만에 푸짐한 식재료들을 보며 음식에 대한 얘기를 했을 뿐, 해 달라고는 하지 않았다. 그것도 아내를 칭찬하면서. 그 상황에서 다음과 같이 대화가 이어졌다면 두 사람 기분이 나빠졌을까.

"여보, 당신 소야 먹고 싶고, 오징어볶음, 그리고 순두부, 또 뭐가 먹고 싶어요?"
"먹고 싶은 거야 많지. 특히 당신이 만든 음식 말이야."

"여보, 제가 만든 음식 맛있게 생각해 줘서 고마워요. 그럼 오늘 저녁은 어떤 반찬으로 할까요?"

이렇게 말하면 세 가지를 다 말하지는 않을 것이다. 혹시 세 가지를 다 말하더라도,

"여보, 당신 말 들으니까 마음이 급해지네요. 제가 저녁에 해야 할 과제가 많거든요. 한두 가지로 줄이면 안 될까요?"

아내가 이렇게 말했다면 남편이 그래도 다 먹겠다고 했을까?
그리고 또 지훈이 어머니와 남편의 대화가 이렇게 이어졌다면 어떻게 되었을까?
"아니, 말도 못하냐? 됐어! 아무것도 하지 마!"
"누가 말하지 말래. 먹고 싶은 거 하나만 말하라고."
"내가 말한 거 다 해 달라고 했냐, 그냥 음식에 대해서 말했지."
"그게 그거잖아, 뭐가 맛있다, 다른 데서 한 건 맛없더라, 하는 건 집에서 해 달라는 뜻이잖아."
"그만 하자, 그만 해. 그러니까 말을 못한다니까."

이러다 결국 이혼 서류가 오고 가지 않았을까. 우리는 부부가 서

로 다르게 해석할 때의 결과를 배우게 된다.

나는 지훈이 어머니의 얘기를 들으며 베트남 출신 평화운동가 틱낫한 스님의 말씀이 떠올랐다.

"'사랑하는 이여, 나는 당신을 위해 여기 있어요.' 하는 마음으로 곁에 있음이 최상의 선물이 되도록 들어야 한다."

그리고 나는 되돌리기 식 대화로 사건을 다시 풀어가는 지훈이 어머니와 그 대화에 응해 주었던 지훈이 아버지에게서 인내와 사랑 그리고 실천의 열정을 배운다.

4장 인간관계에서 네 가지 패러다임

여보, 가습기 켰어? 소독했어?

퇴근해서 날마다 가습기 상태를 확인하는 남편이

기관지가 좋지 않은 남편은 매일매일 가습기를 철저히 소독해서 켜 놓기를 원한다. 퇴근한 남편은 입버릇처럼 말한다.

"여보, 가습기 켰어? 소독했어?"

아내는 속으로 '보면 몰라? 그리고 봐서 안 켜 있으면 당신이 켜지. 가습기는 꼭 내가 켜야 되나? 그리고 소독이 안 되어 있으면 당신이 좀 하면 안 돼?' 따지고 싶지만 얘기하면 싸움만 될 것 같아서 혼자 속으로만 꾹꾹 참는다. 이젠 가습기만 봐도 화가 난다.

위 상황에서 아내는 문제가 해결되지 않은 채 참으면서 '그래. 이렇게 참고 사는 거야.' 하는 생각을 갖고 산다. 그러나 참다가 어느 날엔가 참았던 감정이 터지면 다투게 된다. 아내는 생각한다. '그래, 이렇게 참기도 하고 다투기도 하면서 사는 게 부부야, 이렇게 사는 게 인생이야,'로 결론을 내린다. 즉 사람은 인간관계에 대한 패러다임에 따라 행동하게 된다.

패러다임이란 우리가 세상을 '보는 방식', 또는 '생각의 틀'을 말한다. 인간관계에서 상대방 생각만 하고 사느냐, 내 생각만 하고 사느냐, 상대방도 내 생각도 없이 그냥 막 사느냐, 상대방도 생각하고 나 자신도 생각하면서 사느냐로 나누어 볼 수 있다. 즉 다음의 네 가지 패러다임으로 나눌 수 있다.

상대방이 승자가 되고, 나도 승자가 되는 경우,
내가 승자가 되고, 상대방이 패자가 되는 경우,
내가 패자가 되고, 상대방이 승자가 되는 경우,
상대방이 패자가 되고, 나도 패자가 되는 경우가 있다.

위 네 가지 패러다임에서 우리가 추구하는 패러다임은 상대방과 내가 서로 승자가 되는 패러다임이다. 이러한 패러다임을 가진 사람들은 상대방을 먼저 배려하고 나 또한 용기 있게 표현한다. 그러므로 아훈에서는 어떻게 상대방을 배려하고 어떻게 나를 용기있게 표현하는지 그 구체적인 방법을 배우고 훈련한다.

위 상황을 네 가지 패러다임으로 생각해 본다.

상대방이 승자가 되고 내가 패자가 되는 대화

기분이 나쁘고 불쾌하지만 얘기해 봐야 잔소리만 듣게 되고 서로 기분이 나쁘니까 귀찮아서 참고 말한다.

"네 켰어요." 혹은 "아니요. 지금 켤게요."

속으로는 언젠가는 알아주겠지, 언젠가는 당신이 알아서 가습기를 관리하게 되겠지, 하고 기대한다. 그 기대가 무너지면 참고 참다가 터지고 서로 패–패가 된다.

상대방이 패자가 되고 내가 승자가 되는 대화

그동안 참아왔는데 그날은 피곤해서 잠이 들었는데 늦게 온 남편이 깨우면서 가습기 켰냐고 하자 그동안 참았던 불만이 터져 나와 말한다.

"(큰 소리로 짜증스럽게) 여보! 피곤해서 마악 잠들었는데 깨우면서까지 절 시켜야 해요? 당신이 한 번 쯤 켜면 안 돼요?"

조용히 방을 나간 남편이 가습기를 켠다.

이렇게 승–패가 결정되는 것 같지만 남편이 어쩌다 한두 번은 참고 넘어가다가 언젠가 불만을 터트리게 되면 결국 서로 패–패가 된다.

상대방과 내가 패자가 되는 대화

"당신 가습기 소독도 안 해 놓고 하루 종일 뭐했어?"

"내가 하루 종일 집에서 논 줄 알아요? 하루 종일 얼마나 바빴는데 가습기 생각만 해요? 가습기는 당신을 위한 거니까 당신이 켜야 하는 거 아니에요?"

"그럼, 당신은 집에서 뭐하는 사람이야?"

언성이 높아지면서 다툰다. 결국 서로 패-패가 된다.

상대방과 내가 승자가 되는 대화

"여보, 가습기 켰어? 소독했어?"

"네. 가습기 소독하고 켰어요. 그런데 당신이 가습기 확인할 때면 선생님에게 검사받는 학생이 된 것 같아요."

"알았어. 앞으로 조심할게. 오늘 미리 틀어 놓았네. 고마워."

아내는 남편을 배려하면서 자신을 표현하고, 남편도 아내의 마음을 이해하고 배려하며 서로 승-승이 된다.

수강자는 실제로 이 상황을 어떻게 풀었는지 결과를 발표했다.

저도요. 남편이 입버릇처럼 말하는 "여보, 가습기 켰어? 소독했어?" 하는 말을 한두 번 말해서 화가 나는 게 아닙니다. 언제부턴가 날마다 퇴근하면서 첫마디가 가습기입니다. 물론 얼마 전에 불량 가습기에 대해서 언론에서 크게 보도되기도 했지만 저는 속으로 외칩니다.

'보면 몰라? 그리고 가습기가 안 켜졌으면 당신이 켜지. 가습기는 꼭 내가 켜야만 하느냐고. 꼭 물어봐야 해. 소독이 안 되었으면 당신이 좀 하면 안 돼. 당신이 내 담임선생님이라도 되냐, 내가 학생이냐, 선생님이 학생에게 숙제했냐, 하는 식으로 선생님처럼 하냐고.' 하면서 덤비고 싶지만 괜히 얘기해 봐야 서로 기분만 나빠질 게 뻔해서 잔소리 듣기 싫고 귀찮으니까 참죠. 참고 말하죠. "네. 켰어요." "네. 알았어요. 지금 켤게요." 또는 "죄송해요. 지금 켤게요." 하면서도 속이 부글거렸습니다. 잘 참다가도 어느 날은 피곤하고 심술이 생기면 남편이 퇴근하는 줄 알면서도 가습기를 켜지 않고 일부러 잠자는 척 잠자리에 들기도 했습니다. 남편이 큰 목소리로 "여보, 가습기 안 켰네." 하면 "나 피곤해서 막 잠들었는데 꼭 깨우면서 저를 시켜야 해요." 하고 저도 남편만큼 큰 소리로 대답합니다. 그러면 남편은 잠자는 저를 깨우려는 듯 집안 구석구석까지 들릴 만큼 떨그럭 소리를 내며 가습기를 켜고 그 소리를 듣고 잠자던 제가 일어나서 지난 불만까지 쏟아 놓으면서 막 나가죠. 그러다 보면 가습기 켜는 작은 일로 '정말 이 남자랑 못살겠네.' 하는 생각까지 확대됩니다. 이젠 가습기만 봐도 화가 난다니까요. 그러니까 지금까지 '패–승'이었다가, '승–패'였다가 '패–패'로 살았던 거죠.

나는 수강자에게 묻는다.
"가습기 소독하고 켜는 데 시간이 얼마나 걸리죠?"
"15분에서 20분이요."

"그러니까 하루 종일 가족을 위해 애쓰는 남편이 기관지가 약해 힘들어하는데 20분 정도 시간 쓰는 게 힘들다는 거죠? 억울한 거죠? 하루 몇 시간이죠. 분으로 계산하면 하루 1,440분이죠. 그 중 20분 내외 시간을 사랑하는 남편을 위해 쓰는 게 어렵다고요?"

내 질문에 수강자는 남편을 생각하는 듯 어눌한 표정과 함께 조용한 미소가 번진다. 그리고 생각한다. 하루 20분 내외를 남편을 위해 쓰는 게 어렵다면 과연 남편과 아내가 서로 '승-승'이 될 수 있을까. 남편과 '승-승'을 이루려면 아내가 해야 할 일이 무엇인가. 아내가 남편에게 잔소리 듣지 않으려면 남편이 퇴근하기 전에 가습기를 준비하고 남편이 묻기 전에 아내가 퇴근하는 남편을 보고 먼저 말할 수는 없을까.

나는 수강자에게 숙제를 냈다. 일주일 동안 퇴근하는 남편에게 첫마디 인사로 "여보, 가습기 소독하고 켜 놨어요." 하고 먼저 말할 것을.

일주일 후 숙제를 실천한 아내가 발표했다.

제 숙제는 3일 만에 끝났습니다. 제가 퇴근하는 남편에게 첫마디 인사로 말했죠.

"여보, 가습기 소독하고 켜 놨어요." 하고요. 3일째 되는 날 남편이 말하더라고요.

"여보, 알았어. 가습기 내가 알아서 할게." 하고요. 그래서 제가 또 말했죠.

"아뇨. 제 생각이 부족했어요. 당신 하루 종일 가족을 위해 애쓰는데 제가 하루 20분 정도면 할 수 있는 것을. 가습기 문제로 당신 마음 쓰게 해서 죄송해요. 제가 기쁘게 가습기 준비할게요. 미안해요."

수강자는 마지막으로 말했다.

제가 정말 이기적이었다는 생각이 들었습니다. 제가 남편 입장을 전혀 배려하지 않았더라고요. 승–승에서 가장 중요한 원칙인 상대방을 먼저 배려하지 못하고 저만 생각했다는 것을요. 깨달음이 이렇게 편안한 것을요. 그날 이후로 마트에서 휴지를 사다가도 직원과 언짢은 일이 생기면 저분이 승이라고 생각할까, 패라고 생각할까를 생각하게 됩니다. 자동차를 운전하고 길을 가다 다른 차와 문제가 생기면 내가 상대방 운전자를 배려하고 있는가를 먼저 생각하게 되네요. 이제야 친절한 마음으로 하는 친절과 사랑하는 마음으로 하는 사랑을 알아가나 봅니다.

마음이 준비되지 않은 채 입술로 하는 언어는 조화와 같다. 조화에서는 향기가 나지 않는다.

또 다른 수강자가 질문했다.

"선생님, 그런데요 맞벌이 부부라면요. 그래도 아내가 가습기를 켜야 하나요?"

그러면 나는 질문자에게 묻는다.

네. 맞벌이 부부인 아내가 기관지가 좋지 않아 가습기를 켜야 한다고 생각해 보죠. 어느 날 일찍 퇴근한 남편이 늦게 들어오는 아내에게 말합니다.

"여보, 오늘은 내가 일찍 퇴근해서 가습기를 소독하고 켜 놨어."

그리고 어느 날은 얘기합니다.

"여보, 내가 지금 마악 퇴근했어. 빨리 옷 갈아입고, 가습기 소독하고 켜 놓을게."

이렇게 말하는 남편을 당신은 어떤 남편으로 생각하시겠습니까.

나는 말한다.

이렇게 배려하는 남편은 아내의 영혼까지도 사랑하는 남편이 아닐까요. 당신이 영혼까지도 사랑받기를 원한다면 맞벌이 부부인 아내가 이 남편과 똑같이 하면 되겠죠. 이러한 사랑을 아름다운 사랑이라고 하지 않나요. 혹시 억울하신가요?

(혼잣말로) 비싸네

약국에서 두통약 가격 때문에 어머니가

저의 집에 놀러 오신 친정어머니와 약국에 갔습니다. 오랜만에 오신 어머니가 두통으로 항상 복용하시던 약을 사기 위해서였습니다. 가격을 보니 어머니 집 앞 약국보다 300원이 더 비쌌습니다.

어머니: (혼잣말로) 비싸네.

약　사: 네? 비싸다고요?

어머니: 아, 예, 제가 샀던 가격보다.

약　사: 이걸 비싸다 하시면 (코웃음) 아니 어디에서 사셨는데요? 저희 이거 얼마 남지 않아요. 이걸 비싸다 하시면 어떻게 하세요. (직원들을 둘러보며) 이걸 비싸다 하시네.

어머니: (너무나 황당해하시며) 아, 네, 그래요. (지갑에서 돈을 꺼내고 지불한다)

어머니가 약국을 나오자마자,

어머니: 어휴~~ 무슨 말을 못하겠다.

나　　: 그러게요. 저 아저씨 너무 뭐라 하신다. 엄마가 비싸니까 비싸다고 한 건데.

어머니는 약을 사서 집으로 오면서 억울해하셨습니다. 사실 저도 뭐라고 따지고 싶었지만 얘기해 봐야 싸움만 될 것 같아서 참았습니다. 차라리 저 혼자였다면 참는 것으로 끝났지만 어머니가 당한 것 같아서 더 죄송했어요. 그런 불편한 마음에 동네 엄마들이 약국 얘기를 하면 제가 끼어듭니다. '아, 그 사거리에 있는 약국, 너무 불친절해요. 약 값 비싸다고 말 한마디 했다가 막 따져서 다시는 안 가요.' 합니다. 그러나 배우면서 알았어요. 누가 누구에게 기분 나쁘게 말했는지를요.

위 상황을 네 가지 패러다임으로 나누어 본다.

어머니가 승자가 되고 약사는 패자가 되는 대화

어머니: (혼잣말로) 비싸네.

약　사: 이걸 비싸다 하시면, 아니 어디에서 사셨는데요? 저희도 이거 얼마 남지 않아요. 이걸 비싸다 하시네.

어머니: 무슨 약국이 이래요? 비싼 걸 비싸다는 말도 못해요. 비싸게 팔면서 말이 많아! 다시는 이 약국 오나 봐라! (문을 쾅 닫고 나온다.)

약　사: ???

약사가 승자가 되고 어머니는 패자가 되는 대화

약 사: (뒤에 있는 직원에게) 이걸 비싸다 하시네.

어머니: 아, 알았어요. 죄송해요. 돈 여기 있어요. (불편하지만 말해 봐야 싸움이 되니 그냥 참고 계산한 뒤 나온다.)

약사와 어머니 모두 패-패가 되는 대화

약 사: (뒤에 있는 직원에게) 이걸 비싸다 하시네.

어머니: 뭐라고요? 그럼 비싼 걸 비싸다고 하지. 그게 뭐가 잘못됐다고 빈정거려요. 빈정거리긴.

약 사: 뭐요? 빈정거렸다고요?

나 : 왜 그러세요. 어르신에게 그렇게 말을 함부로 해도 돼요. 저희 어머니는 비싸니까 비싸다고 하신 거죠. 나가요 엄마, 다른 데 가서 사요.

약 사: 그 쪽으로 가서 사세요. 저희도 당신 같은 사람들에게 약 안 팔아요.

약사와 어머니, 그리고 딸이 승-승이 되는 대화

어머니: (혼잣말로)비싸네.

약 사: 네 비싸다고요. 어떻게 비싸다는 말씀인지 궁금하네요.

어머니: 다른 데서는 같은 약을 1,700원에 샀는데 여기는 2,000원이어서 그게 궁금해요.

약　사: 네. 그러니까 똑 같은 약값이 다른 약국보다 300원이 더 비싸다고요. 그 이유를 설명드려도 될까요? (300원이 비싼 이유를 말한다.)

또는 어머니가,

어머니: 약사님, 궁금한 게 있습니다. 똑같은 약을 다른 약국에서 1,700원에 샀는데 여기서는 2,000원인 이유가 궁금해요.

이렇게 말하면 약사가 화가 났을까?

또는 내가,

어머니: (혼잣말로)비싸네.

약　사: 이걸 비싸다 하시면, 아니 어디에서 사셨는데요? 저희도 이거 얼마 남지 않아요. 이걸 비싸다 하시네.

나　　: 아, 잠깐만요. 저희 어머니 말씀은 다른 데서 산 가격과 다르다는 뜻입니다. 저희 어머니는 1,700원에 사셨는데 여기는 2,000원인 이유를 궁금해하시네요.

이렇게 말해도 약사가 계속해서 화가 났을까?

수강자는 말했다.

"그러네요. 우리는 아무렇지 않게 '비싸네' 하는 말을 하는데 약사님은 그 말을 들으면 기분이 언짢겠네요. 정말 작은 가게에 갈 때도 생각하면서 말해야겠네요."

우리는 생각해 본다. 가게에 갔을 때 손님이 '비싸다'는 말에 왜 주인의 기분이 상할까. 듣는 사람의 입장에서는 '부당한 이익을 취한다.'는 느낌을 받기 때문이다. 물건을 파는 사람의 입장에서는 좋은 물건을 싸게 팔려고 애쓰는데 부당한 이익을 취하려 한다는 느낌이 드는 순간 패자의 느낌이 들기 때문이다.

강의에 참가한 수강생이 말했다.

"그러네요. 선생님. 저의 제품을 보면서 '비싸다'는 말을 들으면 제가 엄청 화가 나는데 제가 다른 곳에서는 '비싸다'는 말을 아무렇지도 않게 쉽게 했네요. 제가 그동안 의식 없이 '비싸다'는 말을 했던 많은 분들에게 죄송하네요. 앞으로 명심하겠습니다."

나는 다시 아인혼의 말을 생각하게 된다.

"친절한 사람은 다른 사람을 끊임없이 의식적으로 배려하는 사람이다."

아이씨! 졸리다구요!

어깨를 토닥이는 선생님에게 책상에 엎드렸던 학생이

저는 고등학교에서 수학을 가르치고 있습니다. 저는 몇 번의 시술로 결혼 5년 만에 아들을 얻었고 그 귀한 아들을 위해 5년 간 휴직했습니다. 2학기에 복직을 앞두고 기회가 되어서 이 교육을 받게 되었습니다. 저는 그동안 남자학교 교사여서 제 체구가 작기 때문에 심한 말로 학생들을 제압하려고 했습니다. 그런데 제가 엄마가 되어 보니까 제 아들이 제게 귀한 것처럼 학생들도 각각 집에서 귀한 아들이구나 하는 생각을 하면서 16년 간 저를 거쳐 간 학생들과 학부모님들에게 많이 죄송했습니다. 특히 아훈 프로그램에 참가하면서 학생들과의 관계에서 제 부족함을 알게 되었고, 학생들과 거의 승-패로 살았던 것도 알게 되었습니다. 그래서 이 프로그램이 학생들과의 관계를 승-승으로 만드는데 너무나 필요하다고 생각되어 복직하면 학생들에게 적용해야겠다는 결심을 했습니다. 그동안은 학생들에게 협박, 공갈하는 데 익숙해서 거의 조폭 수준의 교사로 명성이 자자했는데 이제는 제 아들이 만났으면 하는 선생님이 되는 게 제 꿈이 되었습니다.

복직한 첫날, 저는 학생들에게 고백하듯 솔직한 제 마음과 목표를 떨리는 음성으로 말했습니다.

"저는 예전에 참 난폭한 선생님이었어요. 이번 학기에는 여러분을 진심으로 존중하는 친절한 선생님이 되는 게 제 목표입니다. 제가 엄마가 되어 보니까 제 아들이 제게 귀하듯이 여러분들도 여러분의 부모님에게 얼마나 귀한 존재인가 생각하며 여러분을 존중하는 선생님이 될 것입니다."

다음은 제가 학생들과 약속하고 첫 번째로 만난 시련이었습니다.

저는 수학시간에 수학일기를 숙제로 내 주고 이것으로 수행 평가에 반영하기로 학생들과 약속했습니다. 제출하기로 약속한 날짜에 안 낸 학생이 두 명이었습니다. 평소 수업 시간에도 태도가 불량한 학생들이었는데 역시나 제출을 하지 않은 것입니다. 예전 같으면 이렇게 시작했을 것입니다.

교사: (학생 두 명에게) 야! 너희들 따라와 (교무실로 가서) 꿇어! 야! 죽을래? 왜 안 내는 거야? 딴 애들은 바보라서 내는 줄 알아?

학생: 죄송합니다.

교사: 죄송한 줄 알면 똑바로 해야지. 내일까지 안 내면 가만 안 둔다. 알았어?

학생: 네.

교사: 가 봐!

이렇게 승-패의 관계로 끝났을 상황에서 이번에는 승-승의 관계를 이루기 위해 다르게 말했습니다.

교　사: 정민아, 경록아, 선생님이 너희한테 얘기하고 싶은 게 있는데 잠깐 교무실로 내려와 줄 수 있니?

학생들: 네.

교　사: (학생들이 교무실에서 얘기하는 걸 싫어해서 교무실 옆 상담실로 들어가서) 여기 있는 의자에 앉아서 얘기할까, 자, 이 의자에 앉을래. 그래. 너희가 오늘까지 수학일기를 써 올 수 없는 이유가 있었지?

학생들: 아뇨. 그냥요.

교　사: 그래? 선생님은 수학일기를 쓰는 게 너희들과의 관계에 굉장히 중요하다고 생각하거든. 써 올 수 있겠니?

학생들: 네.

교　사: 그래? 언제까지 써 올 수 있지?

학생들: 내일까지 써 올게요.

교　사: 그래. 선생님의 뜻을 이해해 줘서 고마워. 선생님 기다리고 있을게.

저는 배운 대로 하려고 노력했는데 정말이지 약속을 지킬까 아닐까 하면서도 지키지 못할 거라는 생각도 했습니다. 그러나 제 예상과는 다르게 다음 날 둘 다 써 왔더라고요. 겨우 세 줄 정도 써 오긴 했지만요. 저는 답 글을 거의 한 쪽을 채울 정도로 써주었습니다. 정말 고마웠습니다. 반가웠습니다. 기뻤습니다. 제가 저 자신에게 화내지 않아서 기쁜 것처럼 학생들도 숙제를 하면서 제게 야단맞지 않아서 기뻤으면 하는 생각을 했습니다. 지금은 멀리서도 '선생님~' 하며 반갑게 저를 부르는 사이가 되었습니다. 고등학교 2학년 남학생이지만 이렇게 순순히 제 얘기를 따라주다니, 저는 놀랐습니다.

그리고 수업 시간에 아훈에서 배운 내용을 학생들과 나누었습니다. 수업 시간에 집중하는 태도에 대해서도 말했습니다.

내가 배우고 있는 아훈 선생님의 아들이 초등학교 입학하는 날 엄마에게 말했다고 해요.
"엄마, 선생님 말씀을 솜이 물을 빨아들이듯이 다 빨아들이고 올게요." 하고 학교에 갔다고 해요. 그리고 선생님들로부터 집중력이 특별한 학생이라는 말을 많이 들었다고 해요. 지금은 의사선생님이 되었는데 아마도 어릴 때부터 수업 시간에 선생님 말씀을 솜이 물을 빨아들이듯이 집중한 결과가 아닌가 한다고 하셔요.

제 말을 듣고 학생들이 쓴 수학일기의 내용입니다.

"오늘 선생님이 스펀지가 물을 빨아들이는 것처럼 수업 시간에 집중하라는 말씀을 듣고 선생님 수업하실 때 관람하는 게 아니라 진짜 집중해서 참여했더니 이해가 되었다. 그 어렵다는 수학이 거의 이해가 되었다."

또 다른 학생들의 일기입니다.

"내일부터는 수업 시간마다 스펀지처럼 수업 내용을 받아들여야지 다짐하고 수업을 들어야겠다."

"오늘은 선생님께서 매 순간 최선을 다하는 것의 중요성에 대해 말씀해 주셨다. 선생님이 하신 말씀을 듣고 과연 내가 매 수업 시간에 충실했는가? 생각하게 되었다. 부끄러웠다. 이제 반성을 했으니 변화해야겠다."

학생들과 나눈 이야기에서 학생들이 느끼고 깨달았다는 내용을 보면서 학생들이 내 이야기를 듣고 '당신이나 잘하세요.' 하는 마음이 들지 않도록 학생들이 제게 왔을 때 관심을 가지고 마음 모아 마주보며 이야기를 듣겠다는 걸 매 순간 생각하고 실천하려고 노력하게 됩니다.

그래서인지 이번 스승의 날에 받았던 편지 중에 '항상 미소로 나를 반겨 주시는 선생님'이라는 문구가 있었습니다. 무척 기뻤고 한편으로 예전의 제 모습이 기억나서 참 부끄러웠습니다. 예전 같으면 '만나면 욕으로 반겨 주시는 선생님'이었을 테니까요.

예전에는 학생을 만나면 "야, 이 새끼야 왜 왔어?" 했었거든요.

학생들의 칭찬에 저 또한 보람을 느끼고 있습니다.

저는 제가 학생들 앞에서 선언한 약속을 지키려 노력했고, 물론 때로는 실패할 때도 있었지만 늘 제 목표를 잊지 않으려고 노력했습니다. 제가 학생들을 바라보는 시각이 바뀌고 태도가 달라지니 수업 시간도 편안하고 재미있었습니다. 예전에 의무로 하던 수업과는 다른 의미의 재미있는 수업입니다.

제 실력과 인내심을 시험하던 사례도 소개합니다.

저는 고등학교에서도 2학년 이과 반을 가르치고 있습니다. 고등학교 2학년 이과 반 남학생들에게 수학은 매우 중요한 과목이기 때문에 학생들이 수업 시간에 집중하기를 바랍니다. 하지만 평소에도 수업 태도가 좋지 않던 민원이가 이날따라 수업 시간에 계속 책상 위에 엎드려 일어나지 않았습니다. 주변 친구들에게 물어보니 아픈 것도 아니라고 하는데 계속 신경이 쓰여서 다가가 어깨를 토닥이며 말했습니다.

교사: 민원이가 많이 피곤한가 보네.

민원: (어깨에 올린 제 손을 험악한 인상으로 뿌리치며) 아이씨! 졸리다구요!

교사: (심호흡을 하고) 그래. 지금은 선생님의 관심이 불편하다고. 민원이가 준비될 때까지 기다릴게.

민원: (고개를 숙인 채 한숨을 쉰다.) 휴우~.

아훈을 배우는 나는 순간은 눌러 참았지만 예전처럼 그냥 마구승-패로 혼내 버릴 걸 하는 생각도 들고, 한편으로는 괜찮은 것도 같고. 다음 날을 기다렸습니다. 그러나 다음 날 민원이를 만나면 어떻게 할까에 대한 확신 없이 엉거주춤한 마음으로 교실에 들어갔습니다.

제가 교실에 들어서자 맨 뒤에 있던 민원이가 빛의 속도로 교탁 앞으로 달려와서 제게 말했습니다.

"선생님, 어제 제가 미쳤었나 봐요. 정말 죄송해요. 용서해 주세요. 다시는 안 그럴 거예요."

"(진정 고마운 마음으로) 그래. 이렇게 먼저 사과하는 너를 보니 어제 선생님이 황당했던 마음이 다 사라지고 가벼워진다. 고마워. 선생님도 어제 어떻게 해야 할지 고민이 참 많았었단다."

"선생님께 그렇게 한 거 진짜 반성 많이 하고 있어요. 죄송해요. 학생이 절대 그러면 안 되는 건데… 죄송해요."

선생님은 사건을 어떻게 풀었는지, 보충 설명도 해 주었다.

학생이 제 손을 뿌리치던 순간 교실에 정적이 흘렀습니다. 예전이라면 '아, 내가 이놈을 어떻게 혼내는지 제대로 보여 주마,' 하며 자동으로 그 자리에서 조폭 수준으로 혼냈을 겁니다. 교실에 정적이 흐르는 순간 '아, 학생들이 내가 정말 약속한 대로 실천할 수 있는지, 없는지를 지켜보고 있구나.' 하는 생각이 들어서 예전의 모습을 멈출 수 있었습니다. 그러나 화는 내지 않았지만 어떤 말을 해야 할지는 얼른 생각나지 않았습니다. 그런데 언뜻 배웠던 내용이 생각나서 "그래, 지금은 선생님의 관심이 불편하다고. 민원이가 준비될 때까지 기다릴게." 어렵게 이 말을 할 수 있었습니다.

학생의 한숨소리를 뒤로 하고 교탁으로 돌아와서 수업을 마무리하고 나서도 고민을 많이 했습니다. 교무실로 불러서 뭐라고 하나, 그냥 넘어가나, 그러나 적절한 말도 떠오르지 않고 난감하기도 하고 그냥 마구 혼내 버릴 걸 하는 생각도 들고. 혹시 내가 패-승으로 마무리 하는 건 아닌가, 하며 생각이 복잡했습니다.

제가 미처 생각을 정리하지 못한 채로 들어간 교실에서 빛의 속도로 뛰어와서 사과하던 민원이 모습을 잊을 수가 없습니다. 제가 배우기 전처럼 소리 지르고 조폭 수준으로 화냈더라면 학생의 진심어린 사과를 들을 수 있었을까 하는 생각이 듭니다. 승-승을 이루려는 노력의 결과였습니다. 선생님들이 모두 불편해하고 싫어하는 민원이에게 했던 작은 멈춤이 얼마나 의미 있는지를 느끼게 되었습니다. 고3이 된 민원이는 지금도 복도에서 만나면 90도로 인사합니다. 가끔 선생님들이 민원이에게 90도로 인사 받는 비결이 무엇이냐고 묻기도 합니다. 제가 부족할 때가 많지만 학생들의 격려가 힘이 됩니다. 학기말에 쓴 한 학생의 글입니다.

"선생님은 고등학교를 졸업하고도 오래도록 생각날 사람으로서 자리 잡으셨다. 나를 이끌어 주시고 힘이 되어 주시고, 수학에 대하여, 인생에 대하여, 내 좁은 시야에 대하여 많은 것을 깨닫게 해 주신 김희수 선생님, 몇 개월 간 정말 감사했습니다."

만난 지 4개월 된 학생이 쓴 수학일기입니다. 4개월밖에 안 된 만남이지만 학생들은 제 작은 변화와 노력을 크게 받아들이고, 모든 것을 의미 있게 받아들이고 있었습니다. 학생들의 너그러운 모습을 놀라운 감동으로 만나게 되었습니다. 이 학생들을 사랑하지 않을 수 없습니다. 고맙고 행복합니다. 다음은 한 학생이 제게 큰 힘을 준 일기입니다.

"쌤이 저희 반에 들어오신다는 거 알고 진짜 모든 걸 다 얻은 듯한 무한 기쁨이. 쌤하고 수업할 수 있다니. 나는 선!택!받!았!다! 올레!"

제가 수업에 들어가는 것만으로도 기쁨이 되고 만나는 것만으로도 힘이 되는 교사의 모습. 그게 바로 제가 꿈꾸던 교사의 모습이었는데 교사 17년차인 이제야 방향을 제대로 잡게 되다니요. 제게는 행운입니다.

아훈 교사로서 앞으로의 제 목표는 첫째 언제나 진심으로 학생들을 존중할 수 있는, 승-승을 이루는 선생님이 되는 것. 둘째 제가 느낀 이 행복을 동료 선생님들과 나누는 것입니다. 아훈으로 학생들을 만나는 것이 얼마나 힘이 있고, 의미 있는 일인지 나누기 위해서 이번 방학에도 또 훈련에 참가하게 되었습니다.

"삶에서 중요한 것은 우리가 살았다는 단순한 사실이 아니다.
다른 사람들의 삶을 어떻게 변화시켰는지가 우리 삶의 의미를 결정할 것이다."

김희수 선생님의 발표는 남아프리카 대통령 넬슨 만델라가 한 말을 되새기게 한다. 김 선생님을 만난 것은 나에게도 행운이다.

이번 방학에도 어김없이 아훈 기본과정에 첫 번째로 등록한 김 선생님에게 질문했다.

"김 선생님, 이미 다 배운 내용을 다시 들으면 답답하고 지루하지 않나요?"

"아니요. 내용이 많이 달라지기도 하지만 예전과 같은 내용이어도 들을 때마다 더 새롭고 또 깨닫는 깊이가 달라요. 제 귀가 더 커지는 느낌이기도 하고요. 무엇보다 배우면서 행복해요."

김 선생님 얘기를 듣는 나 또한 분발하게 된다. 학생들을 사랑하는 김 선생님에게 나는 국민의 한 사람으로서 외친다.

"선생님이 학생들을 사랑하는 마음으로 사랑해 주셔서 감사합니다. 선생님, 존경합니다."

5장 사건 내용의 분류

40센티 간격 줄이는 훈련

나의 작은아들이 재수할 때의 일이다. 수능이 3개월 남았는데 어느 날 학원에서 일찍 돌아와서 낮잠을 자고 일어나더니 TV 앞에 2시간 이상 앉아 있다. 엄마인 내가 아들에게 도움되는 일이 무엇일까. 오랫동안 부모교육 강사를 했지만 그 순간 내가 아들에게 도움될 일은 아무것도 없었다. 작은아들은 작년 첫 번째 대학 입시에서 떨어지고 내게 말했었다.

"어머니, 죄송해요."

"죄송하다고?"

"어머님이 부모교육 강사이신데 수강생들이 '당신 아들이나 대학에 제대로 보내야죠.' 할 테니까 어머님이 챙피하시잖아요."

그때 나는 아들에게 말했었다.

"너야말로 네가 세상에 태어나서 첫 번째 겪는 좌절이어서 네가 가장 힘들 텐데도 이렇게 엄마를 생각해 주는 효자 아들이 있어서 엄마는 얼마든지 강의할 수 있어."

이랬던 아들이다. 그러나 지금 TV 앞에 앉은 아들에게 엄마가 도움될 일은 아무것도 없었다. 나는 마실 것을 준비해서 아들에게 주며 말했다.

"이 쥬스 마시면서 볼래?"

아들이 나를 조심스럽게 쳐다보면서 말했다.

"어머니, 불안하시죠?"

"응, 불안해. 그런데 네 말을 들으니까 엄마의 모든 불안이 한꺼번에 다 사라졌어."

정말 그랬다. 아들의 말을 듣자 '아, 아들이 알고 있구나.' 하는 순간 나의 모든 불안이 한꺼번에 다 사라졌다. 그날 아들의 방에는 늦은 시간까지 불이 켜져 있었다.

엄마는 아들을 억지로 책상 앞에 앉게 할 수는 있을지 모르지만 아들이 공부해야 할 내용을 아들의 기억 속에 담아 줄 수는 없다. 그것은 오직 아들 본인만 할 수 있는 일이다. 부모들은 안다. 아이를 돕고 싶지만 도울 일이 없을 때 가만히 있는 것이 얼마나 어려운지를. 그래서 소리 지른다. '빨리 안 들어가! 빨리 방에 들어가서 공부하라.'고. 그러나 그 말은 오히려 아이 공부에 방해만 될 뿐이다.

아훈에서는 '지금 내가 할 수 있는 일'과 내가 '할 수 없는 일(내가 해서 도움이 되지 않는 일)'을 구분해서 지금 '내가 할 수 있는 일'에 '나의 모든 에너지를 쏟고' '내가 문제를 해결하는' 방법을 훈련한다. 내가 주체가 되어 내가 문제를 풀 때 내가 변하고 상대방도 변할 수 있다.

예전에 들었던 얘기다.

날마다 웃는 집과 날마다 다투는 집이 이웃에 살았다고 한다. 다투는 집 남자가 웃는 집 남자에게 물었다고 한다.

"어떻게 날마다 웃음꽃이 넘치는지요?"

"네. 그건 우리 집은 잘못하는 사람들만 살고 있어서 그렇습니다."

"네? 이해가 안 되네요."

"네. 가령 제가 탁자 위에 물 마신 컵을 뒀는데 아내가 그 옆을 지나다가 탁자를 건드려서 컵이 떨어져 깨지면 아내가 말합니다. '제가 잘못했네요. 제가 조심했어야 하고 또 제가 얼른 컵을 치워야 했는데 제 잘못이에요.' 하지요. 그러면 제가 말합니다. '아니지, 내가 잘못 했지. 내가 컵을 제자리에 갖다 놓았으면 될 걸.' 하구요. 그러면 제 어머님이 말씀하십니다. '아니다. 내가 조금 전에 그 옆을 지나갔는데 그때 컵을 제자리에 갖다 놓았으면 될 걸, 내 잘못이다.' 하지요."

옆집 남자가 말했다.

"그렇군요. 저의 집은 반대입니다. 아내가 컵을 깨면 제자리에 갖다 놓지 않은 제 잘못이라고 저를 탓하지요. 저는 아내가 조심성이 없다고 아내 탓을 합니다. 어머님이 컵을 보고 그냥 가셨다고 어머님 탓을 합니다. 그렇군요. 저의 집은 다 잘하는 사람만 살아서 그렇군요."

이 말을 듣고 한 수강생이 말했다.

선생님, 그 얘기가 정말 좋아서 제가 집에 가서 식구들에게 말했습니다. 그리고 다음 날 중학교 2학년 아들의 바이올린이 책상 위에 있었습니다. 제가 실수해서 아들의 바이올린을 건드려서 넘어졌습니다. 놀란 제가 큰 소리로 말했죠.

"야! 너는 바이올린을 연습했으면 제자리에 갖다 놓아야지!"

아들이 여유 있는 태도로 저를 보며 천천히 말했습니다.

"엄마, 엄마가 어제 날! 마! 다! 웃는 집과 날! 마! 다! 다투는 집 얘기하셨죠?"

움찔했습니다. '날마다'를 강조하더라고요. 머리로는 알았는데 행동으로는 안 되더라고요. 그래서 머리와 가슴 사이 40센티미터가 가장 멀다고 했나요.

아훈에서는 그 40센티미터의 간격을 줄이는 훈련을 한다.

아싸! 엄마 아빠 싸우니까 기분 좋다

엄마 아빠가 다투는 것을 본 아들이

프린터를 새로 샀는데 프린트를 하니까 종이에 잉크가 묻어 나온다. 남편이 잘못 설치한 것 같아서 말했다.

아내: 여보, 종이에 잉크가 묻어 나와요. 당신 설치 잘못한 거 아니에요?

남편: 아냐, 프린터가 이상해. 당신이 이 프린터 사라고 했잖아.

아내: 같이 결정했잖아요. 무슨 말을 그렇게 해요.

남편: 그래. 나도 이걸로 결정하긴 했지만. 프린터가 이상해.

아내: 이게 문제가 아니라 설치를 잘못해서 그런 거죠.

그때 옆에 있던 아들이 말했습니다.

아들: 아싸! 엄마 아빠 싸우니까 기분 좋다.

남편: 준혁아, 우리 싸우는 거 아냐. 여보, 우리 싸우는 거 아니지.

아내: (기분은 안 좋았지만 아이들 보기가 그래서 그냥) 그래요. 엄마랑 아빠 싸우는 거 아냐.

위 대화에서 부부는 종이에 잉크가 묻어 나오는 것을 서로의 잘못이라 탓하고 있다. 아내는 남편, 남편은 아내, 또는 프린터가 문제가 있다고 한다. 또한 아이의 말에 솔직하게 인정하지 못한다. 그러면서 그 책임을 상대방에게 돌리고 있다. 아이들에게는 거짓말까지 한다.

배르벨 바르데츠키는 그의 책 『너는 나에게 상처 줄 수 없다』에서 "'너 때문에'로 시작하는 말은 상대에게 칼을 갈고 방패를 준비하게 한다."고 한다.

위 사례에서 아내가 주체가 되어 남편을 탓하는 게 아니라 객관적인 사실, 종이에 잉크가 묻어나는 데 대한 얘기를 한다.

아내: 여보, 종이에 잉크가 묻어 나오네요. 뭐가 잘못됐는지 봐 주실래요?

아내가 이렇게 말하면 남편이 "아냐, 프린터가 이상해. 당신이 이 프린터 사라고 했잖아." 하고 말하지 않을 것이다. 아내가 "당신 설치 잘못한 거 아니에요?"라며 남편 탓이라고 했기 때문에 남편은 "당신이 이 프린터 사라고 했잖아." 하며 방패로 막았던 것이다. 그렇다고 하더라도 아내가 말한다.

아내: 네. 제가 사자고 했죠. 당신과 함께요.

남편: 그래. 나도 이걸로 결정하긴 했지만. 프린터가 이상해.

아내: 그래요. 프린터 어디가 이상한 거죠?

또한 위 사례에서 남편이 주체가 된 대화에서도 남편이 아내 탓을 하지 않는다면 어떨까?

아내: 여보, 종이에 잉크가 묻어 나와요. 당신 설치 잘못한 거 아니에요?

남편: 그래? 종이에 잉크가 묻는다고? 내가 다시 볼게. 나도 어디가 잘못 되었는지 모르겠네. 당신 잠깐만 기다려. 내가 친구에게 물어보고 다시 손볼게.

아내: 예, 알았어요. 고마워요.

그리고 아들과의 대화다.

아들: 아싸! 엄마 아빠 싸우니까 기분 좋다.

엄마: 저런! 엄마 준혁이 말을 들으니까 많이 창피하고 미안하네. 다음엔 아빠랑 싸우지 않도록 조심할게. 미안해.

아빠: 그래. 아빠도 엄마랑 같은 마음이야. 미안해.

이렇게 대화하는 부모님을 보며 준혁이는 어떤 생각을 하게 될까?

아이들은 엄마와 아빠가 서로 당신 탓이라고 할 때와 서로 자신의 탓이라고 할 때의 대화를 보며 무엇을 배울까. 부모가 의식하며 대화해야 하는 이유다.

다른 수강생도 말했다.

선생님 저는 작은 일에도 잘 삐치는 남편에게 입버릇처럼 말했습니다. "으이그, 삐치기는!" 그랬더니 어느 날 중학교 2학년 딸이 아빠를 보며 "으이그, 아빠는 또 삐쳤어!" 하더라구요. 저도 제 어머니에게 배운 거죠. 남편에게 미안했습니다.

부모들은 기억하고 있다. 어린 시절 자신들의 부모님이 다툴 때 얼마나 불안했는지를. 불안했던 어린 아이가 다시 부모가 되어 자신이 겪었던 불안을 아이에게 물려주지 않으려 부단히 노력하지만 아는 것이 없어서, 부모에게 들었던, 다투던 대화만 알기 때문에 평화로운 대화를 몰라 안타까워한다.

나는 오늘도 불안을 물려주지 않으려 노력하는 수강자들을 만난다. 그들이 참 존경스럽다.

내일이 중간고사인데
저 TV 보고 있는데 화나지 않으세요?

예전 같으면 소리 질렀을 어머니에게 딸이

그날 저녁 여섯 시쯤이었습니다. 식사 준비를 하고 있는데 중학교 3학년인 딸 예슬이에게서 전화가 왔습니다. 잠깐 친구 만나고 저녁식사 하기 전에 돌아오겠다는 내용이었습니다. 예전이라면 상상도 할 수 없었지만 멈췄습니다. '지금 당장 집으로 오라고 하면 올까, 들어와서 공부를 제대로 할까.' 저는 생각을 정리하고 "그래."라고 알았다는 뜻의 답을 했습니다. 그런데 정작 아홉 시가 넘었는데도 아이는 돌아오지 않고, 전화도 받지 않아서 휴대폰에 메시지를 남겼습니다. 그래도 마음이 놓이지 않아 아이를 찾아 집을 나섰습니다. 저의 집 주변은 빈 땅이거나 건축 중인 곳이 많아서 밤이면 어둡고 으슥해서 더 걱정이 되었기 때문입니다. 집 밖을 나선 지 얼마 지나지 않아 딸에게서 문자가 왔습니다.

"엄마, 죄송해요. 친구랑 수다 떨다가 시간이 너무 지났어요."

예전의 저라면 바로 전화에 소리치며 이렇게 말했을 것입니다.

"너 지금 시간이 몇 시야? 받지도 않을 전화기는 뭐 하러 가지고 다녀? 겁도 없이 늦은 시간에 쓸데없는 수다나 떨며 돌아다니고. 빨랑 들어와! 밥은 먹었어?"

"친구랑 군것질해서 배 안 고파요. 지금 집이에요. 샤워하고 숙제하고 잘게요."

"집? 집이라구? 이제야 숙제 시작해서 어느 세월에 다 하고 잘래? 숙제부터 일찍일찍 하라고 그렇게 얘기해도 말 안 듣더니 맨날 늦게 자니까 늦잠 자고 헐레벌떡 학교 가고. 으이구."

"… 다음엔 전화 먼저 하고 친구랑 있을게요. 죄송해요."

"죄송? 맨날 입으로만 죄송이지!"

"죄송해요."

"시끄러!"

이렇게 말하지 않고 오늘은 배우는 대로, 친구랑 수다 떨다가 시간이 흘러버렸다는 딸아이의 문자에 이렇게 문자를 보냈습니다.

"그래, 그랬구나. 친구랑 얘기하느라 재미있어서 시간 가는 줄 몰랐구나. 그래서 늦은 거라니 다행이다. 저녁 안 먹어서 배고프겠다."

"친구랑 군것질해서 배 안 고파요. 지금 집이에요. 샤워하고 숙제하고 잘게요."

"그래, 그런데 네가 재미있게 시간 보내는 동안 엄마는 걱정으로 마음 졸이고 있었어. 네 연락을 기다리면서 말이야."

"다음엔 전화 먼저 하고 친구랑 있을게요. 죄송해요."

"그래, 걱정하는 엄마 마음 알아 줘서 고마워."

"엄마, 진~짜 죄송해요."
'진~짜'라는 단어가 왜 그렇게 다정하게 들리던지요. '진~짜'라는 한 단어만 더 들어갔을 뿐인데 왜 코끝이 찡한지요. 아이의 진실한 마음 때문이었을까요. 집으로 돌아오는 깜깜한 밤길은 편안하고 기뻤습니다. 날아갈 것 같았습니다. 지금이라도 아이의 마음을 이해하는 구체적인 방법을 배우고 실천할 수 있는 기회를 만나게 되다니 저는 행운입니다.

수강자들은 예슬이 어머니처럼 하나의 사건을 감동적으로 해결하면 그날부터 아들딸이 바로 효자 효녀가 되리라 기대한다. 그러나 좀처럼 달라지지 않는 아이들을 보며 또 실망한다. 그러나 예슬이 어머니는 화내지 않고 기다리는 방법을 배웠고, 자신을 절제할 수 있도록 준비하고 있었다. 그날도 그렇게 또 사건이 생겼다.

제가 외출했다 집에 돌아와 보니 중간고사를 앞두고 있는 예슬이가 소파에 비스듬히 앉아 TV 예능 프로에 푹 빠져 있었습니다. 그것도 중3인 딸이요.

"야! 너 다음 주 시험 아냐? 너 시험공부 다 했어? 공부하는 꼴을 못 봐! 매일 TV만 보고 있냐? 정신이 있어, 없어?"

예전의 대화가 습관처럼 떠올랐습니다. 그러나 저는 멈추고 '내가 지금 할 수 있고, 또 아이에게 도움이 되는 일이 무엇일까?'를 찾았습니다. 에어컨이 꺼져 몹시 더운 거실에 에어컨을 켜고 시원한 과일음료를 아이에게 가져다주었습니다. 그리고 옷을 갈아입고 거실로 나왔습니다. 아이가 제게 물었습니다.

"엄마, 저 공부 안 하고 TV 보고 있는데 화나지 않으세요?"

'알긴 아냐, 네가 공부하지 않고 TV만 보는 거….' 또 습관대로 하고 싶은 말이 떠올랐지만, 저는 화내지 않았습니다. 왜냐하면 저는 지금 아훈 과정에서 배우고 훈련하고 있거든요. 그리고 아이를 책상에 앉게 할 수는 있지만 자신이 스스로 하려고 하지 않으면 아이가 익혀야 할 내용을 아이의 기억 속에 넣어 줄 수 없음을 알고 있으니까요. 그래서 제 생각을 말했습니다.

"응, 화 안나."

"엄마, 예전에는 화를 많이 냈잖아요."

"그래, 그랬지. 그런데 엄마가 왜 그렇게 화를 냈는지 생각을 좀 해 봤어."

"그래서요?"

'그래서는 무슨 그래서야? 화낼 가치도 없으니까 그렇지.'라는 말이 다시 스쳤지만 멈출 수 있었습니다. 튀어나오는 말들이 화로 변하지 않았기 때문입니다. 저는 말했습니다.

"언제 화를 내는지 엄마가 알았거든. 문제가 생겼을 때 그 문제를 어떻게 풀어야 할지 모르거나, 문제를 지혜롭게 풀 능력이 없으면 화를 내게 된다고 배웠거든."

"그런데요?"

"네가 거실에서 TV 보고 있다고 엄마가 네게 '넌 공부는 안 하고 TV만 보냐?' 하면 너는 TV 끄고 방에 들어가겠지. 그런데 그렇게 방에 들어가면 공부가 될까?"

"아니요."

"그렇지. 그럼 공부가 안 되니까 스마트폰으로 웹툰을 보거나 게임을 하게 되지 않을까. 그럼 엄마가 그걸 보고 다시 '넌 방에 들어가서 공부는 안 하고 웹툰만 보냐?' 할 거고. 그러면 너는 스마트폰 끄고 책상에 앉겠지. 하지만 그렇다고 진심으로 공부를 할 수 있을까?"

"아니죠."

"그럼 또 너는 책상에 앉긴 해도 그림을 그리거나 낙서를 할 수도 있겠지. 그럼 엄마가 또 지나가다가 보고 '넌 공부 안 하고 또 낙서하냐?' 그러면 너는 교과서를 펴긴 하겠지만 과연 마음으로 공부가 될까?"

"아니요."

"그래서 엄마가 생각해 봤더니 엄마가 너를 억지로 공부하게 만들 수 있는 방법은 없다는 걸 알게 됐어. 그래서 엄마가 할 수 있는 일이 무언인가 생각해 봤거든. 없더라고. 그런데 하느님께 부탁하면, 엄마가 간절히 부탁하면, 우리 예슬이가 희망을 꿈꾸며 열심히 공부할 수 있도록 도와주실 거라는 생각이 들었어. 그래서 엄마는 기도하면서 기다리고 있어. 그래서 엄마는 네가 놀고 있어도 화가 안 나."

"엄마, 그런 거 배우려고 매주 화요일에, 엄마가 아플 때도, 대전에서 서울까지 가시는 거예요?"

"그래, 더 멀리 경주에서 오시는 분도 계셔. 제주도에서도 비행기 타고 오셔. 더 멀리 뉴욕에서도 오신다고 해."

가만히 듣고 있던 딸이 눈을 크게 뜨고 한동안 저를 바라보더니 천천히 말했습니다.

"엄마, 엄마는 제가 얼마나 엄마를 존경하는지 모르시죠!"

아! 우리 딸, 딸에게서 처음 듣는 '존경'이라는 단어, 산부인과에서 처음으로 딸아이 얼굴을 본 날처럼, 16년 만에 그 감격, 그 달콤했던 기쁨 그대로 아이를 사랑으로 만나는 것 같았습니다. 제가 너무 놀라자 아이는 얼른 방으로 뛰어 들어갔습니다. 아이의 방에서 조용히 훌쩍이는 소리가 들렸습니다. 제 눈에서도 계속 눈물이 흘렀습니다. 청량제 같은 눈물이었습니다.

그때부터 아이는 공부하기 시작했습니다. 자신이 할 수 있는 것과 도움이 필요한 걸 스스로 찾고 도움을 청했습니다. 아이들이 스스로 원해서 한다는 주도적 학습의 의미를 알게 되었습니다. 예전의 저는 제가 부모니까 제가 하라고 하면 할 것이라 기대했습니다. 그 기대에 어긋나면 화를 냈습니다. 이제는 "숙제했니?" "학원 갈 시간이다."라고 제가 말할 이유가 없어졌습니다. 아이들을 믿으니까요. 그리고 제가 기다릴 수 있으니까요. 아이들을 믿는 만큼, 기다리는 만큼 제 어깨를 짓누르던 걱정과 두려움, 부담도 사라졌습니다. 제가 자유로울 때 아이들도 자유롭게 훨훨 날 수 있다는 것을 이제라도 배우고 깨달을 수 있다니요. 저는 행운입니다.

저희는 고3, 중3이에요

이사 온 7세 4세 아이 엄마에게 아파트 아래층 아주머니가

저는 아파트로 이사 갈 날을 정하면서 은근한 걱정이 또 시작되었습니다. 일곱 살과 네 살, 두 아들을 둔 엄마인 저는 아파트에 살면서 한 번도 층간 소음에 대해서 마음 쓰지 않은 적이 없었기 때문입니다.

지난 번 집에서도 날씨가 더워 베란다 문을 열었는데 담배 냄새가 심하게 났습니다. 밖을 보니 아랫집 베란다에서 담배 연기가 올라오고 있었습니다. 당장 말씀 드리고 싶었지만 이웃이고 연세도 있으신 것 같아서 문을 닫고 참고 있었는데 어느 날 초인종이 울려 나가 보니 아랫집 아주머니셨습니다.

"아이들이 하루 종일 뛰나 봐요."

"('아저씨 담배가….' 하고 싶었지만 꾹 참고) 네? 아, 죄송합니다. 아이들에게 조심하라고 말을 하는데 잘 안 되네요."

"애들 조심 좀 시키셔야지. 아파트에 사는데."

“죄송합니다.”

아주머니가 가신 뒤에 ‘아니, 이게 뭐야? 나도 할 말이 있는데. 담배 연기가 올라올 때마다 달려가고 싶었지만 그때마다 참으면서 여름에도 창문 한 번 제대로 열어 보지 못하고 살고 있는데.’ 하지만 꾹 참고 가끔씩 마주칠 때마다 인사를 하는 둥 마는 둥 불편했습니다. 그때 제가 할 말을 다 했다면 어떠했을지 상상해 봅니다.

‘네? 뭐라구요? 아이들이 하루 종일 뛴다구요? 아이들이 어떻게 하루 종일 뛰어요? 밥도 먹고 잠도 자고 앉아서 놀기도 하고, 가끔 뛰기는 하지만 하루 종일 뛰지는 않습니다. 그리고 아저씨 담배 피실 때 연기가 저희 집으로 다 올라와서 여름에 더워죽겠는데 문도 한 번 못 열고 살거든요. 그 정도 지키는 건 기본 아닌가요? 저희 아이들 건강도 좀 생각해 주셔야죠. 아파트에 사는데.’

‘젊은 엄마가 말 참 심하게 하네. 누가 더 괴롭겠어요?’

‘저는 담배라고 생각하는데요. 아니, 그럼 애들을 묶어 놓고 키워요?’

이렇게 이어졌을 것을 그래도 제가 꾹 참았기 때문에 더 큰 소리 내지 않고 살 수 있었는데 이번에도 꾹꾹 참고 또 참으면서 살아야 하는지 걱정, 또 걱정이었습니다.

그러나 이번에는 제가 아훈을 배우고 있기 때문에 새로운 아파트 6층으로 이사 가는 첫 날, 케이크를 들고 아래층 집에 가서 떨리는 마음을 진정시키고 상냥하게 말했습니다.

"안녕하세요. 오늘 602호로 새로 이사 온 사람입니다."
"네. 잘 오셨어요. 그런데 아이들이 몇 살 몇 살이에요?"
"네? 일곱 살, 네 살이에요."
"네, 저희는 고3, 중3이에요. 그리고 지난 번 윗집은 절간 같아서 층간 소음을 모르고 살았거든요."
"(고3? 중3? 아뿔싸!) 아, 네. 그럼 학생들이 주로 집에 있는 시간대가 어떻게 되나요?"
"수시로 왔다 갔다 해요."
"네. 그럼 학생들은 주로 어느 쪽 방을 쓰나요?"
"다 써요. 방 다 써요."
"… 네. 알겠습니다."
'아! 이번에야말로 편안하게 살기는 다 틀렸구나.' 생각하며 집으로 오는데 온 몸의 힘이 쫙 빠졌습니다. 하필이면 고3, 중3이라니. 그리고 뭐 절간 같았다고? 그래서 우리도 절간처럼 살라고? 그럼 당신이 절간 동네에서 살든가 맨 꼭대기 층에 살던가, 아예 6층을 사서 비워 놓던가, 왜 중간층이냐고요. 하고 싶은 말들이, 아니, 튀어나오려는 말들이 끝이 없었습니다.
'어쩌나, 이번에도 조마조마 하며 살아야 하나. 지난번처럼은 살기 싫은데 어쩌나. 이 아파트에서 오래 살려고 집수리까지 싹 하고 왔는데.' 생각할수록 마음이 무거웠습니다.

'배운 대로 하려고 해도 어렵구나. 이럴 때 내가 어떻게 하지?' 며칠을 생각하는데 문득 이런 생각이 들었습니다.

'그렇지, 아랫집 아이들이 내가 좋아하는 조카들이라면 어떨까? 그랬다면 내가 아랫집을 잘못 만났다고 불평만 할까? 수험생 조카들에게 어떻게 했을까.' 저는 아랫집 아이들을 조카라고 생각하자 선물 생각이 났습니다. 고3, 중3 수험생이 필요한 게 뭘까. 저는 더울 때 시원하게, 추울 때 따뜻하게 물을 마시라고 보온 보냉 텀블러를 선물했습니다. 우리 아이들이 피자 먹을 때는 아랫집에도 주고, 또 수박도 크고 좋은 것으로 준비해서 몇 번 찾아갔습니다. 처음엔 약간 떨떠름한 것 같더니 제 조카처럼 생각한다고 하자 미안한 듯 고마워했습니다. 그러던 어느 날 큰아이가 말했습니다.

"엄마, 우리 집에 친구들 초대하고 싶어요."

'뭐라구? 친구? 애들이 오면 집이 장난이 아닐 텐데. 아랫집에서 난리 날 텐데.' 하려다가 이렇게 말했습니다.

"그래. 친구들 초대하고 싶다구. 그런데 친구들이 집에서 놀면 시끄러운 소리가 아랫집에 들릴 텐데 어떡하지. 그럼 아랫집에 가서 다음 주 중에 집에 사람이 없는 요일이 언제인지 여쭤보고 그날로 하면 어떨까."

"좋아요. 엄마."

저는 아들과 함께 아랫집으로 가서 사정을 말했고 아주머니도 시원하게 대답해 주었습니다.

"아, 그래요. 다음 주 수요일에 저희 집 낮에 아무도 없어요. (웃으며) 그때 아이들 뛰면서 놀라고 해요."

"네. 그럼 수요일에 아이 친구들을 초대하면 되겠네요. 감사합니다."

수요일, 아이가 신나게 놀고 말했습니다.

"엄마, 오늘 정말 신나게 놀았어요. 엄마, 고맙습니다."

"그래. 네가 신나게 놀았다니 엄마도 기뻐. 그리고 준혁아, 오늘 친구들을 초대해서 편하게 놀 수 있었던 건 아랫집 아주머니께서 배려해 주신 덕분이라고 생각해."

"네. 엄마. 아랫집 아주머님에게 고맙다고 말씀 드릴게요."

아이는 편지를 쓰고 아이스커피를 만들고 도넛도 준비했습니다.

"502호 아주머니께.

아주머님, 고맙습니다. 우리가 집에서 맘껏 뛰게 해 주셔서 고맙습니다. 이 도넛과 커피를 선물로 드릴게요. 커피 한 잔의 여유도 함께요. 준혁 올림."

아주머니는 기뻐하시면서 다음에는 미리 전화만 하라고 전화번호까지 적어 주셨습니다. 이렇게 아랫집과 좋은 관계를 맺게 되자 점점 이사 온 집이 마음에 들었습니다.

그리고 고3인 누나의 수능시험이 끝나는 날(시험 보는 날은 부담이 될 거라며) 아이는 꽃다발을 선물로 아주머니에게 전하고 왔습니다. 그 누나의 문자가 왔습니다.

"502호입니다. 어제 꽃 선물 너무너무 고맙게 받았어요. 어제 늦게 들어오고 오늘도 시험을 봐서 이제야 감사 인사 보내요. 덕분에 꽃과 카드 보며 수험생활 하면서 맘껏 웃었어요. 얼마 만에 받아보는 꽃인지. 준혁이에게 누나가 고마워한다고 꼭 전해 줘요."

문자를 본 아이의 얼굴이 환하게 빛났습니다. 불안이 기쁨으로 바뀌다니요. 저는 친절에 대해 다시 생각했습니다. '친절'하면 화내지 않고 웃는 얼굴이 친절이라고 단순하게 생각했습니다. 그러나 이사를 앞둔 저에게는 '친절'이 큰 숙제였습니다. 특히 어린 두 아들을 둔 저는 엄마로서 아이들에게 무엇을 가르칠 것인가. 어떻게 인간관계를 아름답게 맺을 것인가. 억울하지만 친절한 척 나만 참고 살 것인가. 그러나 이제는 아래층이 더 이상 제게 두려운 존재가 아닙니다. 따뜻한 이웃이 되었습니다. 아훈을 만나서 배우게 해주신 준혁이 유치원 원장님에게 감사드립니다.

친절은 어떤 변화를 가져오는가? 우리는 지하철 안에서 할머니에게 친절하게 좌석을 양보할 수도 있고, 그렇지 않아도 별 문제가 없다. 그러나 서로 친절하지 않으면서 평화로운 이웃관계가 이루어질 수 있을까. 하지만 운 좋게 친절한 이웃을 만나리라 기대할 때와 스스로 친절한 이웃이 되는 것과는 큰 차이가 있다. 준혁이네 식구가 친절한 아랫집을 만나길 기대할 때와, 먼저 친절을 베푸는 이웃이 되려고 내가 할 일을 찾아, 그 일을 실천할 때의 결과는 어떻게 달라졌을까. 이웃에 대한 친절이 결국 자신에게 되돌아오는 것임을 이해하기 위해 우리는 얼마나 먼 길을 돌아와야 할까?

2부 아름다운 인간관계를 위한 구체적인 방법

6장 대화에 방해되는 말

부모의 옳은 말이 우리를 더 힘들게 한다

초등학교 2학년 우석이가 말한다.

"엄마, 나 정말 학교 안 가면 안 돼요? 학교 가기 정말 싫어요. 있잖아요. 지금 방학해서 내가 할아버지가 된 다음에 개학했으면 좋겠어요. 우리 선생님은 툭하면 투명의자 시켜요."

이렇게 '저 좀 도와주세요.' 하는 아이에게 부모는 아이의 마음을 달래 주고 이해시키려고 다음과 같이 말한다.

"그러니까 장난치지 말랬잖아. 봐라! 오늘도 이렇게 늦으면 투명의자 하잖아, 빨리 가, 빨리. 네가 지각하지 않고 공부 열심히 하면 투명의자 안 시켜. 네가 조심해. 그러면 선생님은 너를 제일 예뻐해 주실 거야."

하지만 위와 같은 어머니의 긴 설득의 말은 자녀를 더 답답하게 한다. 아이들은 말한다.

"부모님은 옳은 말만 해요. 그 옳은 말이 저를 더 힘들게 해요."

부모의 잔소리는 사랑에서 나온다. 그러나 자녀들은 그 사랑에서 나온 잔소리를 사랑으로 느끼지 못한다. 결국 자녀가 스스로 자신의 문제를 해결하는 데 그 옳은 말들은 방해만 될 뿐이다.

이렇게 방해되는 말을 정리하면 다음과 같다.

1) 지시, 명령, 경고, 위협하는 말
"잔소리 하지 말고 빨리 준비해서 학교 가. 지금 안 가면 나중에 아빠 오시면 일러서 혼날 줄 알아!"

2) 설득, 설교, 훈계, 충고하는 말
"네가 장난을 많이 해서 투명의자 하잖아. 네가 선생님 말씀 잘 들으면 선생님도 널 예뻐해 주실 거야. 그러니까 지각하지 말고 빨리 학교 가야지."

3) 평가, 비판, 비난하는 말
"네가 생각이 있는 애야, 없는 애야. 할아버지가 될 때까지 학교 안 간다면 놀고먹겠다는 거야? 왜 이렇게 게으른 생각만 해. 그러니까 선생님에게 야단맞지. 네가 장차 뭐가 되겠다는 거야."

4) 비교하는 말

"동생 좀 봐라. 동생은 벌써 학교 갈 준비 다 했어. 너도 동생처럼 열심히 하면 선생님에게 사랑받잖아."

5) 탐색, 질문, 심리 분석하는 말
"왜 그래, 왜? 너 이렇게 엄마 속 썩일 작정을 한 거니, 왜 그래. 이유가 뭐냐고?"

6) 빈정거림, 부정적인 예언의 말
"잘한다, 잘해. 너 이렇게 크면 어떻게 되는지 알아. 아무것도 못해. 나중에 입에 풀칠이나 하겠냐고. 노숙자 되는 길밖에 없어. 제발 좀 정신 차려라, 차려!"

물론 특별한 경우에는 지시하거나 명령하거나 훈계, 설득, 설교, 충고할 때도 있다. 상대방이 나의 의견을 듣고자 할 때 충고, 설득할 수 있다. 군대와 같은 조직체계에서는 명령, 지시, 복종 등으로 관계를 맺는다.

이와 같이 대화에 방해되는 말들은 상대방이 이해와 존중, 사랑을 받는다고 느낄 수 없게 하는 말이다. 즉 아름다운 인간관계를 맺기 위한 의사소통에 방해가 된다. 우리가 맛있는 음식을 먹다가 돌멩이를 씹으면 음식 맛을 잃게 된다. 한두 번 돌멩이를 씹다가 두 번 세 번 씹으면 아예 음식을 안 먹게 된다. 돌멩이를 몇 번 씹었던 음식점에는 다시 안 가게 된다. 부모님과 선생님과 친구와 남편 또는 아내와 대화를 하다가 몇 번 돌 씹는 기분이 들면 아예 대화를 안 하고 싶다. 대화에 방해되는 말을 하기 때문이다.

다음은 우리가 집에서 많이 하고 있는 방해되는 말들을 모아 보았다.

자녀가 부모에게 가장 많이 듣는 말

빨리빨리 해라.
공부 좀 해라.
밥 먹어라.
컴퓨터 그만 좀 해라.
스스로 적극적으로 해라.
TV 좀 그만 봐라.
방 좀 치우고 살아라.
몸 좀 깨끗이 씻어라.
정리 좀 해라.
일찍 자고 일찍 일어나!
씻어!
짜증 부리지 마!
너는 맞아도 싸!
공부 안 할 거면 잠이나 자.
여태까지 뭐 했냐.
되고 싶은 게 뭐냐?

그만 좀 싸돌아 다녀!
그날그날 책임감 있는 생활 좀 해라.
기쁘게 해라.
또 채팅이냐!
너는 왜 그 모양이냐!
가수가 밥 먹여 주냐!
커서 뭐가 될래.
꼴도 보기 싫어.
너 같은 거 없었으면.
너는 왜 동생처럼 못하냐!

한 수강생은 자신이 남편에게 자주 하는 말을 모아 보았다고 했다.
그럼 그렇지.
당신은 손이 없어, 발이 없어?
왜 그래, 남자가.
행여나?
자기랑은 대화가 안 통해.
내 친구 수미 남편은 뭐 해 줬더라.
나한테 강요하지 마.
어디야?
빨리 와.
꼭 말을 해야 알아?

말 시키지 마.
나 지금 바빠.
나중에 얘기해.
지금 안 한다 이거지.
역지사지 몰라? 역지사지.
내 친구 수미네는 도우미 불렀다더라.
그 친구 차는 뭐더라.
미래가 아주 그냥 보인다.
그러니깐 그렇지.

방해되는 말들이 많아지면 점점 우리가 하는 말의 진정한 의미를 잃게 된다.

엄마, 제가 왜 살아요?
제가 왜 살아야 하는 거죠?

초등학교 4학년 막내아들의 질문

오늘 아침, 식사 준비를 하는데 초등학교 4학년인 막내아들이 제게 와서 묻더라고요.

"엄마, 제가 왜 살아요? 제가 왜 살아야 하는 거죠?"

"응?"

제가 배우지 않았다면 할 말이 너무나 많았고, 그 말들을 무심코 했을 것입니다.

'왜 살긴, 태어났으니까 사는 거지, 사는 데 이유가 있냐? 그리고 왜 그런 걸 아침부터 묻고 그래. 빨리 학교 갈 준비나 해. 아침부터 쓸 데 없는 데 신경 쓰지 말고. 빨리 씻고 준비해!' 했을 것입니다. 그런데 잠깐 멈추고 생각했습니다. '뭐라고 대답하지? 학교에서 무슨 일이 있었나? 그리고 뭐라고 말해야 하나? 사람이 세상에 태어날 때는 다 그럴만한 이유가 있는 거야, 네가 꼭 해야 할 일을 하라고 하느님께서 너를 세상에 보내신 거야, 그러니까 열심히 공부해서 훌륭한 사람이 되어야 해.' 이렇게 생각을 좀 다듬어서 말할까? 그런데 제 대답은 현명한 대화가 아닌 것 같았습니다. 그리고 제가 하려고 하는 말들은 대부분 대화에 방해되는 말들이었습니다. 그래서 저는 말했습니다.

"재훈아, 엄마 지금은 강의 들으러 가야 해서 바쁘거든. 저녁에 다시 얘기해도 될까?"

모르겠다는 말은 할 수 없더라고요. 우물쭈물 변명하고 나왔습니다. 이런 질문에 어떻게 대답해야 하죠?

나 또한 수강생들에게 질문한다.

당신이라면 이런 질문에 뭐라고 대답하실 건가요? 수강생은 말한다.

제가 아이였을 때 부모님과 대화하면서 시원하다고 느낀 적이 별로 없었습니다. 부모님과 대화하고 나면 왠지 답답하고 찜찜했습니다. 분명 저는 부모님보다 몇 배 더 많이 배웠는데 그러면 통쾌하게 대답할 수 있어야 하죠. 그러나 제가 알고 있는 대로 대답을 하고 나면 왠지 어설프고 막연하고 답답합니다. 아이들도 저와 얘기하는 것이 답답한지 점점 말이 없어집니다.

그렇다면 위 상황에서 수강자들은 어떤 대답을 할까? 수강자들의 의견을 듣는다.

"엄마, 제가 왜 살아야 하죠?"

대답 1: 왜 살아야 하느냐고. 엄마는 우리가 가족이 되고, 살아가게 하는 것은 하느님이 우리에게 주신 기회와 선택이라고 생각하거든. 그 선택은 나 자신에게 있다고 생각하는데, 기쁘게 살아가야 하는 것이 선택이라고 생각하는데~.

대답 2: 하느님이 사람들을 세상에 태어나게 하실 때는 계획이 있으시거든. 그걸 살면서 찾아가는 거야. 우선 너는 엄마 아빠에게 기쁨과 행복을 주는 사람이고 꼭 필요한 사람이야. 다른 이유는 뭐가 있을까?

대답 3: 하느님께서 네게 생명을 선물로 주셨고 그 삶을 통해 주님께서 기뻐하시면서도 행복하고 그러면서 다른 사람들도 행복하게 하기 위해서.

대답 4: 응. 엄마는 너를 만드신 하느님을 기쁘게 하기 위해서 사는 거라고 생각해. 그리고 너와 함께 하는 엄마 아빠의 삶은 행복과 기쁨 그 자체이기 때문이지.

대답 5: 너를 통해 다른 사람이 행복하길 바라시거든. 그게 주님의 뜻이고 엄마의 바램이기도 해.

대답들은 계속 이어진다. 당신이 초등학교 4학년 자녀라면 부모님과의 어떤 대화에서 자신이 찾고자 하는 답을 찾게 될까? 어머니들의 얘기는 옳은 말 같지만 재훈이가 듣기엔 답답하다. 무엇인가 아이들을 가르치고 싶은 의도가 들어 있다. 훈계하고 설득하고 충고하고 제안하고 싶은 이 말들은 대화에 방해되는 말이 될 수 있다. 그렇다면 재훈이를 이해하는 데 방해되는 말을 하지 않고 어떤 말을 할 것인가.

재훈이 어머니는 그날 저녁 배운 대로 적용한 결과를 발표했다.

제가 배운 대로 아이의 두 손을 잡고, 세상의 모든 사랑을 담은 눈으로 아이의 눈을 바라보며 말했습니다.

"재훈아, 네가 오늘 아침에 '네가 왜 살아야 하느냐'고 엄마에게 물었지. 엄마가 생각했는데 지금 얘기해도 되겠니?"

"네, 엄마. 제가 왜 살아야 해요?"

"네가 왜 살아야 하느냐 하면 네가 사는 게 엄마 아빠의 사는 이유이기 때문이야. 네가 없으면 엄마 아빠는 살 수 없어. 그래서 너는 꼭 살아야 해."

"…."

저는 말하면서 가슴이 뭉클했습니다. 제가 아이에게 말하면서 저도 아이가 살아야 하는 이유를 알 수 있더라고요. 저는 아이를 꼭 껴안았습니다. 잠시 후 아이가 슬그머니 제 품에서 빠져나가더니 말없이 방으로 들어갔습니다. 그리고 얼마 후, 저녁 준비하는 제 등 뒤로 와서 저를 꼭 껴안으며 말했습니다.

"엄마, 저는 엄마가 좋아요.… 엄마, 사랑해요."

어색한 듯 조심스럽게 말하는 아들의 말을 들으며 저 자신이 다시금 깨달았습니다. 막내아들이 없으면 제가 살 수 없다는 것을요.

그게 제 마음인 것을요. 그런데 왜 그 말이 생각나지 않죠. 그날 이후, 제 아들의 얼굴에서는 뭔가 어두웠던 그림자가 사라지고 엄마, 아빠와의 관계가 훨씬 친밀해진 것을 느낍니다.

누구나 마음 깊은 곳에 사랑하는 사람을 위한 귀한 보물이 있다. 하지만 꺼내는 방법을 모르면 보물은 그냥 묻혀버리게 된다. 그날 이후, 아무도 모르게 세상을 떠나고 싶다는 재훈이의 상상은 사라지지 않았을까. 본인이 세상을 떠나면 엄마, 아빠가 살 수 없음을 확인했기 때문이다. 이 사건은 너무나 작은 일인 듯 보이지만 아들은 평생 마음에 지닐 삶의 의미가 될 것이다.

‘나 지우개 좀 빌려 줘’ ‘안 돼’ ‘빌려 주라고’

숙제하던 동생과 형과 엄마가

저의 집에는 초등학교 4학년 아들과 2학년 아들이 있습니다. 큰 아이는 욕심도 많고 고집도 세고 주로 자기 생각만 하는 아이입니다. 작은아이는 마음도 여리고 순해서 항상 형한테 당하기 때문에 늘 걱정이 됩니다. 그날은 제가 있는 거실에서 숙제를 하고 있었는데 동생이 형에게 말했습니다.

창민: 형, 나 지우개 좀 빌려 줘.
창우: 안 돼!
창민: 좀 빌려 줘!
창우: 안 된다니까.

동생이 저를 쳐다보았습니다. 저는 큰 소리로 말하고 싶은 것을 참고 조용히 형에게 말했습니다.

엄마: 창우야, 동생 지우개 좀 빌려 줘.
창우: 싫어요. 쟤는 만날 나더러 빌려 달라고 하잖아요. 너 지우개 있잖아. 네 꺼 갖다 써.
엄마: 창우야, 네 지우개가 바로 옆에 있는데 동생 좀 빌려 주면 안 되겠니.
창우: 싫다고 했잖아요.

드디어 제 목소리가 높아졌습니다.
엄마: 너는 왜 그렇게 욕심이 많아. 그 지우개 누가 사 줬는데. 빨리 동생 주지 못 해!
창우: 야, 네 것 갖다 쓰면 될 텐데 왜 그래. 넌 만날 나만 야단맞게 해!
엄마: 내가 언제 너만 야단쳤다고 그래. 빌려 줘.
창우: 여기 있다. 여기 있어. 네가 다 써라. 네가 다 써!

형이 지우개를 동생 앞으로 던지고는 숙제하던 가방을 챙기고 자기 방으로 들어가며 문을 쾅 닫고 소리 내어 웁니다. 저는 쫓아 들어가 한바탕 하려다 참았습니다.
선생님, 이렇게 욕심이 많은 형과 늘 형에게 당하는 동생과의 사이를 어떻게 하면 좋게 할 수 있을까요?

그렇다. 우리는 이제 이렇게 간단한 사건이 어떻게 문제가 되는지 생각해 본다.

이 사건에서 어머니는 두 아이를 도와주려 한다. 그러나 어머니가 한 말은 일방적으로 형에게 문제가 있다고 한다. 어머니는 형을 향해서 말하고 형은 동생을 향해서 말한다. 형은 어머니를 당할 힘이 없기 때문에 힘이 약한 동생에게 말한다. 어머니는 형에게, 형은 동생에게 말한다. 동문서답하고 있는 것이다. 어머니가 하는 말은 두 아이에게 방해만 될 뿐이다.

"형, 나 지우개 좀 빌려 줘."
이 한마디가 사랑하는 세 사람의 마음을 흔들어 놓았다. 이런 사건이 이런 방법으로 한 번, 두 번 이어지다 보면 말하기가 두려워진다. 점점 말이 없어진다. 서로를 사랑하는 마음을 키워갈 수가 없다. 이 사건을 어떻게 풀 것인가.

우선 어머니의 생각이다. 형은 욕심이 많고 고집도 세고 자기 생각만 한다. 동생은 마음이 여리고 순해서 형에게 당하기만 한다. 그렇기 때문에 엄마는 동생 편이 되어줄 수밖에 없다. 어머니가 동생 편이 되는 이유다.

또 형인 창우에게 동생은 늘 자신을 괴롭히는 존재다. 그리고 엄마는 항상 동생 편만 든다. 지금 사건만 해도 그렇다. 자기 지우개가 있는데 금방 방에 들어가서 자기 것을 갖다 쓰면 될 텐데 엄마를 믿고 형에게 빌려 달라고 한다. 엄마는 게으른 동생 편만 든다. 그럼 창우 생각에 자신은 집에서 어떤 존재일까. 너무 외롭다.

또 동생인 창민이의 생각이다. 형은 왜 그래. 그까짓 지우개 좀 빌려 주면 될 걸. 엄마 말씀 따라 왜 그렇게 욕심이 많은 거야. 그리고 형은 동생을 잘 도와줘야 하는 거 아니야. 형은 나를 싫어하나 봐. 그리고 엄마야 당연히 동생인 내 편을 들어 주셔야지. 그게 뭐 어때서 형은 늘 엄마가 동생만 좋아한다고 하지?

이렇게 생각한다면 누가 달라질 수 있을까? 세 사람은 각각 자신은 옳으니 다른 사람이 달라져야 한다고 한다. 그렇다면 누가 달라져야 할까.

미국의 사상가 랄프 왈도 에머슨은 말한다.

"자신이 한때 이곳에 살았으므로 해서 단 한 사람이라도 행복해지는 것, 이것이 바로 성공이다."

위 세 사람은 누구를, 그것도 가장 가까운 단 한 사람이라도 행복해지도록 하고 있는가. 그렇다면 세 사람은 성공적인 삶을 사는 것일까? 우리는 생각한다. 위 상황에서 창우가 잘못한 것은 무엇이며 또 창민이는 어떤 행동을 한 것인가? 그리고 어머니는 어떻게 해야 했을까?

같은 상황에서 다음과 같이 대화한다면 어떤 결과를 얻을 수 있을까?

창민: 형, 나 지우개 좀 빌려 줘.

창우: 안 돼!

엄마: 창민아, 네 지우개가 없어서 형 지우개 빌려 달라고.

창민: 아뇨… 방에는 있어요.

엄마: 그러니까 네 방에는 있는데 지금 지우개를 가져올 수 없다고.

창민: 그건 아니지만요….

엄마: 그럼 형이 안 된다고 하는데 엄마가 갖다 줄까.

창민: 아니요. 제가 갖다 쓸게요.

엄마: 그럼 되겠네.

이렇게 대화를 하면 어머니는 누구 편인가? 창우 편? 창민이 편? 그리고 창우는 어떤 생각을 할까? 창민이는 어떤 생각? 그리고 엄마는?

위의 대화를 듣고 창우는 생각하게 된다.

창민이가 지우개는 방에 있는데 지금은 가져올 상황이 아닌 것은 아니지만 바로 옆에 있는 나의 지우개를 빌려서 쓰고 싶다고. 나도 그럴 때가 있으니까. 그러면 빌려 주어야 하지 않을까. 그러면 형인 창우가 말한다.

"창민아 지우개 여기 있어. 이 지우개 써도 돼."

그러면 동생이 말한다.

"형 고마워."

그리고 어머니도 말한다.

"창우야, 네가 다정스럽게 동생에게 지우개를 빌려 줘서 고맙다. 엄마는 너희들이 서로 사이좋게 지낼 때 가장 행복하거든. 얘들아,

고맙다."

창민이도 처음 형과의 대화에서 생각한다.

"형, 지우개 좀 빌려 줘."

"안 돼!"

창민이는 생각한다. 그렇지. 방에 내 지우개가 있는데도 형에게 빌려 달라고 하면 형 기분이 좋은 것은 아니겠지. 그리고 내가 가끔은 형 물건들을 빌리고 나서 잘 돌려주지도 않았고 그리고 내가 지금 지우개 가져오지 못할 상황도 아니잖아. 내가 게으른 탓이지. 그래. 그러면 내가 말한다.

"안 된다고, 알았어, 형. 내가 내 지우개 갖다 쓸게. 미안해 형."

이 말을 들으면 형이 미안해진다. 그리고 형은 생각하게 된다.

'내가 그냥 빌려 줄 걸. 지우개 하나 동생에게 빌려 주지 않는 형이라니. 어쩐지 마음이 불편하다. 다음부터는 동생이 빌려 달라면 모두 빌려 줘야지. 빌려 주고 마음이 편한 게 훨씬 낫잖아. 그래야 동생도 내가 빌려 달라면 기쁘게 빌려 주겠지.'

"창민아, 지우개 여기 있어. 이 지우개 써도 돼."

"알았어, 형. 고마워."

그러면 어머니가 말한다.

"창우야. 네가 동생에게 지우개 빌려 주는 걸 보니까 엄마가 참 기뻐. 너희들이 서로 사랑한다는 생각이 들어서 말이야. 엄마는 너희들이 서로 돕고 사랑할 때가 가장 행복해."

잘 풀린 상황에서의 대화에는 방해되는 말이 없다. 어머니는 가족을 위해 밥을 지을 때 작은 돌멩이조차도 골라내려 애쓴다. 그러나 대화할 때는 음식을 먹을 때 씹히는 돌멩이와 같은 말들을 골라내려 하지 않는다. 어떤 말이 돌멩이가 되는 말인지 모른다면 골라낼 수도 없다. 돌을 돌로 볼 수 있을 때 돌을 골라낼 수 있기 때문이다. 그래서 가장 먼저 대화에 방해되는 말을 골라낼 수 있는 실력을 키워야 한다.

이렇게 대화에 방해되는 말을 쓰지 않으면서 사건을 풀 때 아름다운 인간관계를 이룰 수 있는 것이다.

이 작은 사건들이 모여 삶을 채워 간다.

작은 사건을 지혜롭게 풀어 가는 사람들이 모인 가정이 내가 원하는 즐거운 나의 집이 아닐까.

50살까지 조용히 회사 다니라구

사업하겠다는 남편에게 아내가

남편은 저와 결혼하기 위해 10년을 기다렸다고 했습니다. 그런데 저는 결혼해서 3년 만에야 제가 남편에게 늘 상처만 준다는 것을 알게 되었습니다. 저를 10년 따라다닌 남편이라 제가 함부로 해도 된다고 생각했습니다. 이렇게 교만하고 부족하고, 서툰 저를 기다려 준 남편에게 고마운 마음을 담아 제 사례를 소개합니다.

올해 39세인 남편은 내년이 되면 회사를 그만두고 사업을 하고 싶다고 했습니다. 친정아버지의 사업 실패로 어려움을 겪었던 저는 남편의 사업 얘기에 유난히 민감했습니다. 남편은 회사에서 경력이 쌓이면 근무 조건이 어려운 중국에 가야 하기 때문에 어차피 사업을 해야 한다고 했습니다. 그날은 남편이 집에 들어오자마자 툭 내뱉은 말에 가슴이 쿵 내려앉았습니다.

남편: 나 사업해야겠어. 장모님 이름으로 사업자등록증 낼 수 있나?

아내: 뭐? 사업? 내가 말했죠. 50살까지는 조용히 회사 다니라고요. 그리고 우리 엄마는 왜요?

남편: 장모님 이름으로 하다가 1월쯤부터 내 이름으로 바꾸게.

아내: 그럼 엄마 보험이랑 연금 같은 건 어쩌려고요. 당신이 다 낼 거예요?

남편: 나중에 바꾼다니까!

아내: 근데 왜 자꾸 그만둔다고 그래요? 월급 받을 때가 가장 행복한 줄 알아요.

남편: 아 참! 어차피 여기에선 40살까지밖에 못 가! 미리미리 준비해야지.

아내: 월급 백만 원 받아도 되니까 그냥 '50살까지 자르지 마세요.' 하고 다녀요. 아~~ 이제 내가 당신을 먹여 살려야 할 암흑의 시기가 돌아왔네요!

남편: 사업자등록증이나 알아 봐. 당장 내 이름으론 못하니까.

아내: 알겠어. 희영이한테 물어볼게요. 아! 지수한테 물어봐야겠다. 지수가 그랬으니까 사업은 이혼의 지름길이라고. 아 불쌍한 뱃속의 우리 아기 도훈이 어쩌나.

남편: 당신, 진짜 선풍기를 틀어도 쪄죽는 지하 단칸방에 살아봐야 정신 차리나.

아내: 8월에 아기 기형아 검사 한댔어요. 돈 많이 든대요. 난 저축 못 해요.

남편: 아, 그 얘기가 어떻게 여기서 나와! 왜 여기서 나오냐고~.

아내: 돈 들어갈 일이 많~~을 거라구요. 아무튼 사업자등록증 알아볼게요.

만약 제가 늘 하던 습관처럼 얘기했다면 아마 이렇게 끝났을 겁니다. 남편과 대화할 땐 항상 제 말만 옳았고, 제 얘기는 남편이 끝까지 들어줘야 하고, 인정해 주고 반응도 제가 원하는 대로 해야 했습니다. 남편이 말할 땐 저는 집중도 못하고 관심도 없었고 중간에 끼어들고 제 마음대로였습니다. 소심해서 말이 없는 남편이 어쩌다 고민을 말하면 들어주기는커녕 남편의 기를 팍팍 죽이면서 제 생각만 주입시키기에 바빴습니다.

그런데 이번에는 아훈 교육을 받았으니까 일단 끝까지 듣자, 끝까지 듣기만이라도 하자. 부정적으로 해석하지 말고 그냥 듣자. 신기하게도 이렇게 마음을 먹자 자연스럽게 남편의 속마음을 알 수 있는 대화가 이어졌습니다.

남편: 나 사업해야겠어. 장모님께 사업자등록증 낼 수 있나?

아내: 무슨 좋은 사업 구상이 떠올랐어요? 엄마 이름으로 해야 도움이 되는 거예요?

남편: 장모님 이름으로 하다가 1월쯤부터 내 이름으로 바꾸게. 어머니 이름으로 하다가 잘되면 정식으로 해 보려고. 당장

회사를 나갈 수는 없으니까.

아내: 당신 미래를 미리 준비하려고요. 당장 알아 봐야겠네요.

남편: 어 그래, 어차피 이 직장에선 40살까지밖에 못 가. 미리미리 준비해야지.

아내: 지금 회사도 열심히 다니는데 미래를 대비하는 모습이 든든하네요. 앞으로 태어날 도훈이가 무척 자랑스러워하겠네요. 내가 더 알아 볼 건 없어요?

남편: 그래, 고마워. 사업자 꼭 좀 알아 봐 줘.

아내: 네. 일단 희영이한테 물어볼게요, 지수한테 물어봐도 괜찮겠다. 엄마한테도 사업자가 될 수 있는지 알아볼게요.

남편: 아~ 40세까지 마음 준비도 하고 준비자금도 내가 마련하려고 했는데.

아내: 지금 준비하는 그 마음만으로도 충분해요. 시기가 조금 빨라졌다고 생각해요. 내가 저금을 더 할 걸.

남편: 대출을 안 받고 시작하고 싶었는데 미안해. 그렇지만 당장 하는 건 아니니깐. 앞으로 회사도 몇 년 더 다닐 수 있을 수도 있고. 알지? 난 당신이랑 도훈이만 보고 달려간다!

아내: 고마워요. 항상 철없는 나를 보고 열심히 살아 줘서요. 여

보, 애기 들으니까 난 더욱 내조를 잘해야겠다는 생각이 드네요.

남편과 10년 사귀고, 결혼한 지 3년. 어쩌면 이렇게 달콤한 대화를 나눌 수 있구나, 같은 내용으로 이렇게 다른 결과를 만들 수 있는 대화를 할 수 있구나, 이렇게 대화하면 남편의 속마음까지도 알 수 있구나, 남편의 얼굴을 조심스럽게 보며 진지하게 들어줄 수 있구나, 오랜만에 순수하고 착한 제 영혼을 찾은 것 같았습니다. 이제까지 제 월급을 제가 다 썼는데, 처음으로 '저축 좀 해둘 걸.' 하는 후회가 생겼습니다. 제가 번 돈은 제가 다 쓰고, 돈은 남편이 벌어 와야 한다고 생각했습니다. 이제부터 돈을 아껴서 어느 날 남편에게

"여보, 사랑하는 도훈 아빠, 사업 자금 저도 보탤게요. 파이팅!"

말할 수 있도록 준비할게요. 이번 사건으로만 생각해도 끝까지 배우면 저희가 이루려는 아름다운 부부, 자녀와의 행복한 관계가 이루어질 것 같습니다.

집으로 돌아오는 저녁 길, 운전하는 차창 위로 임신 7개월인 그녀의 눈에서 뚝뚝 떨어지던 눈물이 반짝이며 빛나고 있었다. 그녀가 꿈꾸던 삶이 그렇게 실현되고 있었다.

7장 상대방을 이해하는 대화 방법

엄마 설거지 하는 거 안 보여?

한번 안아 달라는 아이에게 엄마가

수강생인 선생님이 말했다.

제가 초등학교 2학년 담임일 때의 일입니다. 제가 그 아이를 이해하려 노력했습니다. 화내지 않고 아이들의 나쁜 습관을 고쳐 주려 노력했습니다. 좋은 말로 타이르기를 거의 한 달 동안 했지만 여전히 거의 날마다 지각하는 그 아이를 더 이상 기다릴 수 없었습니다. 그래서 그날은 마지막으로 좋은 말로 타이르려고 아이를 불렀습니다. 최선을 다해서 부드럽게 말하려고 애쓰며 말했습니다.

"네가 한 달 동안 거의 날마다 지각했는데 그럴만한 이유가 있지?"

아이는 한참 뜸을 들이다가 천천히 말했습니다.

"선생님, 죄송해요. 선생님이 화도 내지 않고 착하게 얘기했는데 늦어서요."

"그래, 그럴만한 이유가 있어서 늦는 거지."

역시 뜸을 들이다가 천천히 말했습니다.

"…저기요. 아빠가 공장에 나가시면 제가 할머니 아침을 먹여 드려요. 그리고 동생을 어린이집에 데려다 주고 오려면 자꾸만 늦어요."

"엄마는?"

"엄마는 집을 나갔어요."

저는 더 이상 할 말이 없었습니다. 아이를 꼭 안았습니다. 따뜻하게 안았습니다. 그동안 괘씸하다고 생각하며 언제까지 늦나보자 벼르던 제가 미안했습니다. 아이의 상황을 알게 되자 아이를 이해하게 되었습니다. 아이가 사랑스러웠습니다. 그날부터 그 아이를 진심으로 사랑하게 되었습니다.

"사랑과 이해는 같은 것이었다. 이해할 수 없는 것을 사랑할 수 없고, 또 이해하지 못하는 사람을 사랑할 수는 더더욱 없다."

포리스트 카터의 책 『내 영혼이 따뜻했던 날』에 나오는 말이다. 저자는 다섯 살 어린아이 눈에 보이는 할아버지와 할머니의 이해와 사랑을 말하고 있다. 이해받는다는 것은 곧 사랑받는다는 것이다. 아훈에서도 상대방을 이해하는 대화 방법은 아름다운 인간관계를 이루는 핵심 내용이다.

다음 사례에서 상대방을 이해한다는 의미를 발견할 수 있다.

그날은 설거지 하고 있었는데 초등학교 2학년 아들이 학교에서 돌아오자 제게로 다가와서 다정하게 말했습니다.

"엄마, 오늘 학교 끝나고 놀고 싶었는데 엄마하고 약속 지키려고 그냥 왔어요."

'그럼, 그냥 와야지. 오늘도 약속 안 지키려고 했어. 빨리 씻고 방에 가서 숙제 해.' 하고 싶었지만 잠깐 생각하고 한 번 쳐다보며 따뜻하게 말했습니다.

"응, 잘했네. 고마워."
아들이 마음이 놓였는지 평소에 하지 않던 말을 했습니다.

"엄마, 저 한 번 안아 주세요."

'야! 엄마 설거지 하는 거 안 보여? 넌 왜 이렇게 생각이 없니?' 줄줄이 떠오르는 말을 간신히 참으며 말했습니다.

"엄마 설거지 하잖아, 이따 안아 줄게. 가서 숙제해!"

아이가 시무룩해져서 방으로 들어갔습니다. 아들을 한 번 쳐다보기는 했지만 오늘따라 조금 미안한 마음이 들었습니다. 설거지를 마치고 아들을 안아 주려고 아들 방문을 열었습니다. 방문이 잠겨 있었습니다. 방 안에서는 숨죽이고 우는 소리가 들렸습니다. 가슴이 철렁했습니다.

'그렇구나, 오늘도 나는 아들보다 설거지가 더 중요했었구나.'

또다시 자신에게 실망했습니다. 오늘도 또 배운 대로 안 되는구나. 저는 조용히 아이 방문 앞에서 말했습니다.

"재영아, 미안해. 엄마에게 서운했지. 엄마가 아까 안아 줄 걸. 엄마 지금 안아 주면 안 될까? 엄마 너 안아 주고 싶어. 문 열어 줄래?"

몇 번 얘기했지만 반응이 없었습니다. 저는 알 것 같았습니다. 아이가 서운한 만큼 제가 기다려야 한다는 것을요. 어쩌면 처음 엄마에게 서운함이 쌓였던 그 어린 날부터 지금까지 걸린 시간만큼 아들의 방문이 열리는 데 시간이 걸릴지 모른다는 것을요. 저는 다시 말했습니다.

"재영아, 네 마음 이해하지 못해서 엄마 정말 미안해. 엄마 기다리고 있을게."

저는 30분이 넘어도 나오지 않는 아들을 기다리며 저 자신을 돌아보았습니다.

'그렇구나. 내가 배워서 마음으로는 깨닫고 결심하지만 이렇게 작은 실천도 정말 어렵구나. 이 정도가 현재 나의 모습이구나.' 생각했습니다. 저는 거의 날마다 남편과 어떻게 헤어질까를 생각하며 살고 있었습니다. 두 아이도 살벌한 집안 분위기를 감지해서인지 잔뜩 주눅이 든 채 힘이 없었습니다. 저도 아이들이 불안해할 것을 생각하며 참고 참지만 결국 큰 소리가 터져 나오는 날이 많았습니다. 때로는 아이들을 원망하기도 했습니다. '내가 이 고생을 하는 게 다 너희들 때문이라니까. 너희들만 없었어도 엄마는 당장 아빠랑 헤어진다고. 그러니까 너희들은 엄마 말 잘 듣고 엄마한테 잘해야 한다.'고 하면서요. 남편이 퇴근하면 저희 집은 더욱 싸늘하고 냉랭해집니다. 그런데 제가 아훈 교육을 받으며 가장 큰 결심을 한 것은 가족들과 이야기할 때 남편의 눈을 보며 말하는 것, 아이의 눈을 마주 보며 귀 기울여 들어주는 것이었습니다. 저는 가장 쉬운 이 일부터 실천하리라 결심했습니다. 제 인내가 커지고 집안이 조금씩 변하는 걸 실감했는지 작은 아이가 저를 많이 위로해 주었습니다.

그래서 그날도 학교에서 돌아 온 아이가 '엄마, 저 놀고 싶었는데 엄마랑 약속 지키려고 그냥 왔어요.' 하는 말을 했고, 저도 아이의 얼굴을 쳐다보며 말했는데 '안아 주세요.'라는 말에 안아 주는 건 못했어요. 설거지를 해야 했으니까요. 방에서 소리 죽여 울던 아들의 울음소리는 엄마와 아빠의 간격을 좁혀 보려던 시도의 좌절이었던 것 같습니다. 엄마의 기분이 좋으면 퇴근한 아빠와 조금은 더 좋아질 것이라는 기대를 제가 무너뜨린 거죠.

저는 다시 처음의 순간으로 되돌아간다면 배운 대로 할 것을 다짐했습니다. "엄마, 오늘 학교 끝나고 놀고 싶었는데 엄마하고 약속 지키려고 그냥 왔어요."

"(하던 설거지를 멈추고 따뜻이 안아 주며) 그랬어. 놀고 싶었는데 엄마랑 약속 지키려고 그냥 왔다고. 고마워라. 우리 아들 정말 고마워. 엄마는 네 말을 들으니까 오늘 엄마가 아빠에게 서운했던 마음도, 힘들었던 마음도 다 날아가 버렸어. 고마워. 이제 아빠가 들어오시면 재영이가 엄마에게 준 이 기쁜 마음으로 아빠랑 다투지 않을게 고마워. 그리고 우리 재영이 하늘만큼 사랑해. 오늘 저녁 뭐 먹고 싶어. 엄마가 빨리 만들어 줄게."

하고 말할 것을, 이렇게 안아 주었다면 그동안 싸늘한 집안 분위기에 불안하고 두려워 주눅들었을, 사랑받지 못해 외롭고 서러웠을 사랑하는 우리 아들의 마음까지도 달랠 수 있었을 것을요.

아들은 30분이 훨씬 지난 후에 조심스럽게 방에서 나왔습니다. 방을 나오는 아들을 저는 가슴으로 끌어안았습니다. 새처럼 가녀린 아들의 영혼을 안았습니다. 울더라고요. 제가 준비해 두었던 말을 들으며 눈물만 흘리던 아들이 흐느껴, 펑펑 흐느끼며 울더라고요. 마음이 아팠습니다. 그동안 아이의 불안함과 서운함의 덩어리가 쏟아져 나오는 것 같았습니다. 선생님 강의가 실패하지 않도록 더 열심히 살겠습니다.

옆에 있던 수강자가 말했다.

초등학교 4학년 제 아들은 학교에서 집에 오는 길에 묻곤 했습니다.

"엄마, 저 놀아도 돼요?"

'너 지금 몇 신데 놀아? 빨리 와, 빨리,' 하고 싶었지만 배운 대로 말했습니다.

"글쎄, 엄만 찬성도 할 수 없지만 반대도 할 수 없네."

"알았어요."
생각보다 빨리 집에 온 아들이 제게 말했습니다.
"엄마, 아까 그 말은 참 좋은 한마디예요. 진짜 기분이 좋아요. 가짜가 아니구요. 그 뜻은 노는 대신에 네가 네 일에 책임을 져서 다 할 수 있지라는 뜻이요. 그 말을 들으면 저절로 웃음이 나요."
"왜 웃음이 나는데?"

"그냥 기뻐요. 새로운 도전을 하는 것 같아서 기뻐요."

전 정말 놀랐습니다. 제가 잠깐 생각하고 배운 대로(잘하지도 못했지만) 몇 마디 했는데 아이가 기뻤다니까요. 정말 정신 차려야겠네요.

우리는 모두 존중받기를 원한다. 그건 아이도 어른과 다르지 않다. 인간의 기본적인 욕구이기 때문이다. 내가 존중받을 때 다른 사람도 존중할 수 있다. 이 품성은 어릴 때 키워야 한다.
이어령 교수는 자신의 책 『딸에게 보내는 굿나잇 키스』에서 지금은 세상을 떠난 딸에게 어릴적 아빠랑 굿나잇 키스를 원할 때 '나 지금 원고 마감시간이야. 얘 좀 데려가!' 라고 했던 말을 후회한다.

그리고 이렇게 고백한다. "만일 지금 나에게 그 30초의 시간이 주어진다면… 나는 글 쓰던 펜을 내려놓고 읽다만 책장을 덮고, 두 팔을 활짝 편다. 너는 달려와 내 가슴에 안긴다. 내 키만큼 천장에 다다를 만큼 널 높이 들어 올리고 졸음이 온 너의 눈, 상기된 너의 뺨 위에 굿나잇 키스를 하는 거다.… 그런데 어쩌면 좋으냐. 너는 지금 영원히 깨어날 수 없는 잠을 자고 있으니."

이 말은 30초면 충분히 할 수 있는 말을 하지 못한 부모들의 아픔을 담고 있다.

괴테는 말한다. "가장 중요한 일이 별로 중요하지 않은 일에 좌우되어서는 안 된다."고.

설거지를 하느라 아이에게 줄 사랑의 시간을 놓치지 말라고 경고하고 있다. 그렇다. 사랑과 이해는 같은 것이었다.

아훈은 상대방을 이해하는 대화 방법을 다음과 같이 제안한다.

1) 상대방을 마주 보며 관심을 가지고 마음 모아 상대방의 이야기를 듣는다. 상대방이 말할 때 온 마음으로 상대방을 보며 귀 기울여 듣는다. 세상에 너와 나 단 두 사람만 있는 것처럼 마주 보며 이야기를 듣는다. (내 생각이나 의견을 다 빼고 영혼으로 듣는다.)
2) 상대방의 말을 "오, 음, 그래. 그랬어. 그랬구나." 등의 말로

인정한다. (단순한 찬성의 의미가 아니다.) 상대방이 "더워요." 하면 "덥긴 뭐가 더워. 그러니까 얼른 샤워하고 와. 웃옷을 하나 벗어." 하는 것이 아니라 "아하, 네가 지금 덥다고." 하며 상대방의 말을 그대로 인정해 준다.

3) 상대방이 하는 말을 받아 말하며 상대방의 생각이나 느낌을 그대로 말한다. 상대방이 "더워요." 하면 "덥다고." "배고파요." 하면 "배고프다고." "형이 때렸어요." 하면 "네가 맞을 짓을 했으니까 형이 때리지."가 아니라 "형에게 맞아서 아프다구."라고 하며 들어준다.

돌아보면 두 아들의 어머니로서 나는 잘못한 일이 너무나 많다. 내가 지금 알고 있는 걸 그때도 알았더라면 아이들을 더 깊이 이해하고 사랑할 수 있었을 것을. 많은 후회를 한다. 다만 한 가지 후회되지 않는 일은 아이들을 존중했다는 것이다. 한 인격체로서 아기 때부터 존중했다. 존중의 의미는 관심이었다. 아이들이 '엄마'를 부르면 얼른 달려갔다. 아이들이 '엄마'를 부를 때는 이유가 있을 것이기 때문이다. 그리고 열심히 마주 보며 '이 세상에 너와 나, 단 둘뿐이야.' 하는 마음으로 얼굴을 마주 보며 들었다. 존중하고 존경하는 사람과 마주할 때 얼굴을 돌리고 얘기하는 사람은 없을 것이다. 나는 아이들을 단 한 번도 의심하거나 그냥 막 살게 될 것이라는 상상을 해 본 적이 없다. '이 아이들은 훌륭한 사람이 될 거야.'를 의심해 본 적이 없다. 물론 '훌륭한 사람'에 대한 정의는 다를 수 있다. 그런 결과였던 것 같다. 큰아이가 초등학교 입학하는 날 나에게 말했다.

"엄마, 제가 선생님 말씀을 솜이 물을 빨아들이듯이 다 빨아들이고 올게요."

나는 정말 놀랐다. 이런 목표를 초등학교 입학하는 아이가 갖고 있다니. 형의 이 말은 동생에게도 전해졌다. 형이 동생과 얘기할 때 온 마음으로 영혼으로 마주 보며 들으니까 동생도 형을 보며 얘기할 때, 솜이 물을 빨아들이듯이 마주 보며 들었다. 두 아이 선생님들께 가장 많이 들었던 말이 있다. 큰아이가 아파서 며칠 학교에 갈 수 없었던 날 초등학교 4학년 담임선생님이 집에 찾아와서 얘기하셨다.

"이 아이가 교실에 없으니 수업할 기분이 아닙니다. 언제나 집중해서 듣는 반짝이는 호기심과 집중력에 제가 정신을 차리게 됩니다. 집중력이 특별한 아이입니다."

심리학자 에리히 프롬은 말한다.

사랑의 기술은 '훈련' '정신집중' '인내'를 실행하는 것으로부터 시작해야 하며 이 기술을 습득하는 것은 '최고의 관심'이라고 했다. 나는 아이들에게 최고의 '관심'을 가졌다. 그 실천 방법은 아이들이 부를 때, 아이들과 말을 할 때 최고의 관심으로 온 영혼으로 아이들과 마주 보며 이야기하는 것이었다. 아이들이 몇 번의 과외만으로 공부할 수 있었던 이유다. 수업 시간에 선생님 말씀을 솜이 물을 빨아들이듯이 빨아들였기 때문이다.

오스트레일리아 뉴사우스웨일스대학 심리학과 마크 대즈 교수는 "어린 시절부터 부모가 자녀와 눈 맞춤을 해 줄 경우, 후에 비행청소년이 되거나 반항심을 가질 확률이 극적으로 낮아진다."고 했다. 부모가 자녀를 존중하는 눈빛으로 마주 보며 이야기해야 하는 이유이기도 하다.

버스만 태워 주면
저 혼자 순천 할머니 댁에 갈래요

일곱 살 난 딸이 자신의 여행 가방을 챙기며

지금은 초등학교 4학년이 되었지만 큰아이가 일곱 살 때였습니다. 제가 저녁식사 후, 설거지를 하고 있는데 방에서 놀고 있던 큰아이가 말했습니다.

지현: 엄마, 지웅이가 제 스케치북에 낙서해요.

엄마: 어! 그래. 지웅이(다섯 살 남동생)도 누나처럼 그림 그리고 싶은가 보다. 종이 한 장 동생 줘.

지현: (머뭇거리며) 네.

방으로 들어간 지현이가 잠시 후 다시 와서 말했습니다.

지현: 엄마, 지웅이에게 제가 종이 줬는데도 자꾸 내 스케치북에 그림 그려요.

엄마: 지웅이도 스케치북에 그림 그리고 싶었나 보다. 지난번에 산 스케치북 어딨지? 어! 여기 있네. (지웅이에게) 지웅이

도 스케치북에 그림 그리고 싶었어? 방에 가서 누나랑 그림 그려~.

지웅: 네.

저는 부드럽게 이야기해서 아이들을 방으로 보내고 계속 설거지를 하고 있는데 큰아이가 분주하게 자꾸 왔다 갔다 해서 봤더니 여행 가방에 자신의 물건들을 챙기고 있었습니다. 갑자기 가슴이 뛰었지만 태연한 척 그냥 있었는데 큰아이가 와서 말했습니다.

지현: 엄마, 저 할머니 댁에 데려다 주세요. (단호하게) 버스만 태워 주면 저 혼자 갈게요.

엄마: 어? 지금?

지현: 네. 버스만 태워 주면 저 혼자 갈게요.

엄마: (얘가? 얘가 간도 크지. 일곱 살밖에 안 된 애가 혼자서 버스 타고 할머니 댁인 전남 순천까지 간다고?) 지금 버스도 없고 혼자 어떻게 가. 다음에 엄마랑 아빠랑 지웅이랑 다 같이 가자.

지현: ….

제가 말도 안 된다고 나무라자 아이는 더 이상 말이 없었습니다. 그때는 몰랐습니다. 아이가 왜 분당에서 버스로 3시간 30분 걸리는 순천 외할머니 댁까지 혼자 가겠다고 했는지를요. 아이가 초등학교 2학년 때 썼던 '엄마가 죽었으면 좋겠다.'는 문자를 우연히 보고 제가 아훈을 배우기 시작했습니다. 배우니까 아이가 그때 얼마나 외로웠는지를 알겠더라고요. 위의 대화를 보면 지현이가 엄마인 제게 하소연 했는데 저는 동생인 지웅이 얘기만 하고 있었으니까요. 큰아이가 얼마나 답답하고 외로웠으면 그 시간에 순천 할머니 댁에 혼자서 간다고 했을까요. 그때 제가 뭐라고 말했어야 하느냐를 배우면서 아이의 마음을 더 깊이 이해할 수 있게 되었습니다. 초등학교 6학년이 된 아이는 지금은 엄마가 세상에서 제일 좋다고 합니다. 그렇다면 위 상황에서 동생과 지현이를 모두 이해하려면 엄마는 무슨 말을 해야 하는가.

지현: 엄마, 지웅이가 제 스케치북에 낙서해요.

엄마: 저런! 우리 지현이가 동생이 스케치북에 낙서해서 그림 그리기가 힘들구나.

세현: 네, 엄마.

엄마: 그럼 어떡하나. 우리 지현이가 마음 놓고 그림 그리려면 우리가 지웅이를 어떻게 도와주면 우리 지현이가 마음 놓고 그림을 그릴 수 있을까?

지현: 엄마, 지웅이에게 다른 스케치북에 그림 그리라고 하면 돼요.

엄마: 그래. 그런 방법이 있었네. 그럼 그렇게 도와줄래? 지현아 고맙다. 네가 동생 도와줘서 고마워.

이렇게 대화가 이어졌다면 지현이가 외로워서 그 밤에 순천 할머니 댁에 간다고 했을까. 이해하고 이해받는 것은 어른이나 아이 모두에게 어려운 일일까. 배우고 알면 쉬운 것을. 지현이 어머니가 지현이를 이해할 수 없을 때는 지현이를 사랑하는 마음으로 사랑할 수 없었다. 그러나 지현이 어머니가 지현이를 진실로 이해하게 되자 지현이를 사랑하는 마음으로 사랑할 수 있게 되었다.

이틀 전, 지금까지도 배우고 있는 지현이 어머니의 메일을 받았다

"선생님, 그 지현이가 ㅇㅇ예중 미술반에 합격했습니다."

나는, 외롭지 않게 그림을 그리고 있을 지현이와 그 지현이를 외롭지 않게 도와주는 따뜻한 지현이 어머니에게 박수를, 또 박수를 보낸다는 기쁨의 메일을 보냈다.

한 주먹도 안되는 선생님을 치려다 참았어요

과외선생님에게 머리를 맞은 뒤 아이가 엄마에게

학원에서 돌아온 중학교 2학년 아들이 엄마에게 말한다.

"엄마, 과외선생님이 살짝 졸았다고 머리를 쳤는데 기둥 모서리에 맞았어요. 저도 선생님을 때리려고 했는데 참았어요. 한 주먹도 안 될 텐데."

아이는 엄마에게 억울해서 선생님을 때리려고 했는데 참았다고 말한다. 제자가 선생님을 때리는 건 아니기 때문에 참았던 절제력을 인정받고 싶기도 하고, 자신의 행동에 대한 평가와 어수선한 감정을 정리하고 싶기도 해서 엄마에게 말한다. 그런데 엄마가 대답한다.

엄마 1: 듣고 보니 맞을 짓을 했네. 그러니까 졸긴 왜 졸아. 너 과외비가 얼만 줄 알아?

엄마 2: 그 선생님, 제 정신이야? 살짝 졸았다고 해서 남의 아들 머리를 그렇게 함부로 쳐?

엄마 3: 그래도 잘 참았어. 참아야지. 그럼. 학생이 선생님을 때린다는 게 말이 되니?

엄마 4: 선생님께 머리를 맞고 선생님을 때리려고 했는데 참았다고? (선생님을 때리려다 참았다고.)

엄마 5: 그랬어. 억울해서 선생님을 때리고 싶은 걸 참느라고 우리 아들이 애썼구나.

하긴 엄마도 아이의 말을 들으면 분노의 감정이 생긴다. 아이는 왜 비싼 과외 시간에 하라는 공부를 하지 않고 졸았으며, 선생님은 아이가 졸지 않고 열심히 공부하도록 하지 않고 아이를 때리고 또 귀한 아들의 머리를 기둥 모서리에 부딪히게 하느냐고, 이렇게 울분을 토로하고 싶지만 엄마도 참는다. 엄마가 분노의 감정을 정리하고 아이에게 말해야 한다. 성숙한 사람은 감정을 정리할 준비가 되어 있는 사람이다. 그렇다면 다섯 엄마의 대화중에 몇 번째 엄마 얘기를 들으면 아이의 감정도 정리되고 자신의 행동에 대해 객관적으로 볼 수 있으며, 또 앞으로 자신이 져야 할 책임에 대해 생각하게 할 수 있을까.

학생의 엄마는 말했다.

저는 몇 번의 학교 폭력 문제까지 만들었던 아들의 험악한 표현을 보며 제 과격한 표현도 돌아보게 되었습니다. 그러니까 아들이 과격한 어투로 말했지만, 어렵게 아들에게 배운 대로 다섯 번째의 말을 할 수 있었습니다.

"엄마, 과외선생님이 살짝 졸았다고 머리를 쳤는데 기둥 모서리에 부딪혔어요. 저도 선생님을 때리려고 했는데 참았어요. 한 주먹도 안 될 텐데. 치려고 하다가 참았어요."

"그랬어. 억울해서 선생님을 때리고 싶은 걸 참느라고 우리 아들이 애썼구나."

"…."

아들이 한참 말이 없더라고요. 화난 김에 평소 하던 말투로 엄마에게 하소연했지만 뭔가 찜찜한 것 같은데 제 말이 예전과 다르니까 놀랐나 봐요. 저도 말없이 기다렸습니다. 잠시 후에 아이가 말했습니다.

"그 선생님요. 평소에는 저한테 잘해 주셔요."

"그렇구나. 그래서 너에 대한 관심이 많으시구나."

"그런가 봐요. 엄마, 저 가서 숙제할게요."

아이가 방으로 들어갔습니다. 한참 후에 방에서 다시 나와서 말했습니다.

"엄마, 그런데요. 선생님이 살짝 졸고 있는 제 어깨를 건드리시더라고요. 그래서 제가 선생님 손을 탁 치며 '에이씨!' 했거든요. 그래서 때리신 거예요."

"그랬구나. 엄마는 아까 네 말을 듣고 선생님에게 서운했고, 또 네가 선생님을 때리려고 했다는 말을 들을 때는 깜짝 놀랐거든."

"알았어요. 엄마, 이젠 예전의 폭력적인 아들이 아니라고요. 안심하세요."

"우리 아들, 고마워. 정말 고마워. 엄마에게 걱정이던 아들이 이제 기쁨이 되었네."

이렇게 대화를 마무리할 수 있었다는 것은 제게는 꿈같은 일이었습니다.

이해의 힘이 얼마나 큰지. 억울한 아들의 마음과 참느라고 애썼던 아들의 마음을 이해해 주자 아이는 정상적인 사고를 할 수 있었다. 그리고 앞으로 삶의 계획까지도 변화하게 하고 있다는 것을 알 수 있다. 이러한 사례는 심리학자 칼 로저스가 한 말을 증명해 주는 듯하다.

"누군가 내 이야기에 귀를 기울이고 나를 이해해 주면 나는 새로운 눈으로 세상을 다시 보게 되어 앞으로 나아갈 수 있다. 누군가가 진정으로 들어주면 암담해 보이던 일도 해결 방법을 찾을 수 있다는 것은 정말 놀라운 일이다. 돌이킬 수 없어 보이던 혼돈도 누군가가 잘 들어주면 마치 맑은 시냇물 흐르듯 풀리곤 한다."

엄마를 사랑하지 않을 수가 없어요

자신의 서운함을 잘 알아주는 엄마에게 아들이

금요일 오후, 성모의 밤 행사가 있는 성당 마당은 많은 사람들로 북적이고 있었습니다. 세 아이를 두고 뒤늦게 공부하고 있는 저는 친정 부모님에게 맡겼던 아이들과 성당에서 만나기로 했습니다. 아슬아슬하게 성당 안으로 들어간 저에게 남편이 속삭이듯 말했습니다.

"당신 얘기 들었어? 좀 전에 아버님이 주차하시면서 옆에 있던 차를 긁었대. 그런데 그 차가 구입한 지 일주일밖에 안 된 새 차래. 걱정이 되네."

'아버지께서 실수할 분이 아니신데? 하필 새 차라니?' 불편한 마음으로 미사를 마친 저는 주차장으로 뛰어갔습니다. 이미 나오셔서 자동차 주인을 기다리시던 아버지께서

"별 일 아니다. 두현이가 차에서 내리면서 문을 닫지 않고 가버렸는데…."

더 들을 이유가 없어 큰 소리로 아들을 부르는데 아버지께서 손사래를 치시면서 말했습니다.

"내 말 끝까지 들어라. 두현이가 문을 안 닫고 내렸는데 두현이는 바로 형이 그 문으로 따라 내릴 줄 알았던 거야. 그런데 오늘 따라 형이 다른 문으로 내렸어. 한 번도 그런 적이 없었는데. 그렇지만 문이 닫혔는지 확인하지 않고 자동차를 전진하고, 또 후진한 내 잘못이다. 두현이가 아니라 온전히 내 잘못이야. 그리고 두현이도 저 나무 밑에 가서 한참을 울었어."

아버지 말씀을 듣자 저도 더 이상 두현이에게 할 말이 없었습니다. 다만 긁힌 차가 새 차였기 때문에 견적이 얼마나 나올까, 그 돈을 어떻게 마련할까. 수만 가지 생각들로 겁에 질린 아들은 제 마음에 없었습니다. 다만 집에 가면 남편에게 큰 꾸지람을 들을 아들을 그 무서움의 늪에서 구하고 싶은 마음만 앞섰습니다.

"두현아, 너 오늘 할아버지 집에 가서 자는 게 낫겠다. 집에 가면 아빠에게 혼나."

"엄마, 그래도 저는 엄마랑 집에 갈래요."

"몇 번 더 말해야 알아듣겠어. 엄마도 옛날에 그런 일로 할아버지께 혼났었어. 너 집에 가서 아빠에게 혼날래? 네가 집에 와도 도움될 일이 없다니까."

저는 우는 아이를 억지로 떼어 친정으로 보냈습니다. 그렇게 '성모의 밤' 행사가 끝나고 집 근처 레스토랑에서 저녁을 먹으려는데 남편이 말했습니다.

"아까 미사 시간에 두현이 어깨가 축 처졌더라고. 얼마나 두렵고 긴장했겠어. 너무 안쓰럽더라고. 그래서 마사 중 평화의 인사 시간에 두현이 옆에 가서 두현이를 꼭 안아 주었어."

저는 깜짝 놀랐습니다. 남편이 아이를 위로해 주다니. 저는 제 기억만 하고 있었습니다. '나는 20년 전 똑같은 일로 아버지에게 크게 혼났었는데. 나의 기억 때문에 자상한 아빠를 무서운 아빠로 만들다니, 아이를 친정으로 보내 문제를 회피하게 하다니, 뭔가 잘못되고 있구나.' 저는 이 문제를 어떻게 풀 것인가를 생각하다가 다음날 수업 시간에 질문했고, 우리는 함께 연구했습니다. 그리고 다음 일요일 아침, 식사가 끝나자 저는 조심스럽게 말문을 열었습니다.

"두현아, 엄마가 네게 하고 싶은 말이 있는데, 식구들 앞에서 말해도 되겠니?"

긴장한 얼굴로 두현이가 고개를 끄덕였습니다.

"두현아, 그날, 자동차 긁힌 날 말이야, 그 일에 대해서 배웠는데 그날 엄마가 많이 잘못한 걸 알았어. 그래서 사과하려고 해. 첫째는 네가 자동차 긁힌 일로 두렵고 겁이 났을 텐데 네 마음을 위로하지 못했어. 둘째는 그날 집에 온다는 너를 아빠에게 혼날까 봐 할아버지 댁에 보낸 일이야. 엄마가 잘못했어. 왜냐하면 사람은 어려운 일이 닥쳤을 때 당당하게 그 문제와 맞서서 해결해야 하는데 엄마는 널 어려운 일에서 회피하게 했어. 셋째는 아빠가 널 혼낼 마음이 전혀 없었고 오히려 너를 사랑으로 감싸 주셨는데 그런 아빠를 무서운 아빠로 오해하게 했어. 생각해 보니까 20년 전, 엄마가 이곳 캐나다 토론토로 이민 왔을 때 너와 똑같은 일로 할아버지에게 엄청 많이 혼났거든. 엄마는 엄마가 혼났던 것처럼 너도 아빠에게 혼날까 봐 할아버지 댁으로 가라고 했었어. 엄마가 사과할게. 미안해. 엄마는 우리 두현이 마음이 편해졌으면 해."

조용히 설명을 듣고 있는 두현이 눈에는 눈물이 고였지만 입가엔 미소가 가득했습니다. 고개를 끄덕이던 두현이가 아빠 가까이 다가가서 말했습니다.

"아빠, 고마워요. 제가 아빠 많이 사랑해요. 그리고 이제는 차에서 내릴 때 꼭 문을 확인할 거예요."

남편이 아들을 꼭 껴안으며 말했습니다.

"두현아, 네가 마음 아파하는 걸 보니까 아빠 마음도 많이 아팠어. 두현아, 아빠도 우리 두현이 많이 사랑해."

그날 일요일 아침은 참으로 평화롭고 행복했습니다. 자동차 사고로 어쩌면 이렇게 행복해질 수 있는지요? 자동차 수리비가 엄청 많이 나와도 바꾸고 싶지 않은 순간이었습니다. 남편과 아들이 꼭 껴안는 모습은 영원히 제 마음에 남을 아름다운 그림이었습니다.

그런데 시간은 크고 작은 사건들의 연속이라더니 사건은 그렇게 끝나지 않았습니다. 그 다음 주 온 식구가 평화롭게 성당으로 가는 자동차 안에서 두현이가 말했습니다.

"엄마, 지난 주 금요일에 내가 할아버지 집에서 잠자던 날 형이랑 해인이랑 레스토랑에 갔었어요?"

"그래. 갔었지. 근데 넌 더 맛있는 것 먹었다면서? 할아버지 집에서 갈비 먹었다면서?"

저는 아무렇지 않게 대답했고, 아이는 말없이 성당에 도착한 차에서 내려 총총총 성당 안으로 뛰어 들어갔습니다. 머릿속이 다시 안개로 자욱했습니다.

'어 뭐가 문제지? 아이는 왜 그 말을 했을까? 나는 뭐라고 말해야 했을까?' 다음 수업 시간에 나는 또 질문을 했고 아이와 나눌 내용을 준비해서 다시 아이에게 말했습니다.

"두현아, 네가 할아버지 댁에 갔던 날, 우리만 레스토랑에 갔다고 얘기했었지? 근데 네가 서운한 것은 네가 음식점에서 먹은 음식 때문이 아니라 그 시간을 엄마, 아빠, 형, 동생과 함께 하지 못했기 때문이었지. 엄마가 그 마음을 이해하지 못해서 미안해. 다음에 엄마가 꼭 너랑 다 같이 함께하는 시간 만들게. 엄마 약속할게."

그러자 두현이는 웃음 가득한 얼굴로 제게 말했습니다.

"엄마, 저는요, 두현이는요, 엄마를 사랑하지 않을 수가 없어요."

그 말은 제가 세상에 태어나서 처음 듣는 가장 가슴 떨리는 말이었습니다. 꽃 같은 기억으로 영원히 제 마음속에 남을 보석과도 같은 말이었습니다.

아들이 제게로 달려와 제 가슴이 으스러지도록 껴안았습니다. 제 마음의 저 깊은 곳까지 기쁨으로 가득 채워졌습니다.

저는 아이를 이해하려 애썼는데 더 큰 사랑으로 되돌려 받았습니다.

8장 나를 표현하는 대화 방법

형수가 돼지비계를 좋아하는 이유

"인간의 고민은 죄다 인간관계에서 비롯된 고민이다."

심리학자인 아들러가 한 말이다. 그렇다면 반대로 "인간의 행복은 죄다 인간관계에서 비롯된다."고도 할 수 있다. 그러면 중요한 것은 사람들과 함께 어울려 살며 생기는 '고민'을 어떻게 '행복'으로 바꿀 것인가이다. 가정, 직장, 사회에서 사람들이 서로 만날 때, 우리는 서로를 얼마나 이해하고 있을까. 특히 가까운 가족들은 서로를 얼마나 이해하고 있을까. 예전에 오가며 들었던 이야기다.

시동생과 함께 사는 형수가 돼지고기 김치찌개를 할 때면 형수는 언제나 돼지고기 살코기를 두고 비계 부위만 먹었다. 어느 날 시동생이 형수에게 물었다. "형수님은 왜 돼지고기 비계만 드세요?"

"저는 이게 맛있어요." 형수는 수줍게 웃으면서 말했다. 그때부터 시동생은 가끔 비계를 뜨다가도 형수가 좋아하는 그 부위를 남겼다. 뒤에 학교를 졸업하고 취직한 시동생이 늘 정성껏 자신의 뒷

바라지를 해 준 형수에게 선물이랑 돼지고기 비계 부위를 사 왔다.
"도련님, 왜 돼지고기 비계만 사 오셨죠?"
"네. 오늘은 형수님이 좋아하시는 돼지고기 비계를 실컷 드시라고요."

물론 돼지고기 비계도 실컷 먹기 어렵던 시절의 일이다. 하지만 돼지고기 비계 덩어리를 선물이라며 받아든 형수는 어떤 마음이었을까.

사람들은 말한다. 그 시동생 어떻게 그렇게 눈치도 없는가, 그것도 모르느냐고 한다. 그러나 시동생은 그만큼 형수의 말을 말 그대로 믿었던 성실한 도련님이 아니었을까. 내가 나 자신의 마음을 제대로 표현하지 않으면 상대방은 그의 방식대로 나를 해석한다. 내가 나를 표현하지 않으면 상대방은 나를 알 수 없다. 그렇다면 상대방이 있는 그대로의 나를 이해하도록 나를 어떻게 표현할 것인가. 이 장에서 그 답을 찾는다.

아휴! 제가 바보예요, 엄마한테 그런 말을 하게요

엄마에게 말하는 게 좋겠다는 신부님의 말에 아이가

다음은 브라질 상파울로 한인성당의 신부님에게 있었던 일이다.

어느 날 한 자매님이 찾아왔습니다.

"신부님, 아휴!! 우리 애 때문에 속상해 죽겠어요. 아 글쎄 학교에서 싸움질했다고 전화가 왔지 뭐예요. 그런데 이 녀석이 왜 싸웠냐고 물어도 대답도 안 하고. 참 어떻게 하지요?"

저는 초등학교 5학년인 그 자매님의 아들을 만났습니다. 그리고 피자도 사 주고 아이스크림도 사 주고 하면서 살살 달랬습니다. 그리고 조심스럽게 물었습니다.

"태웅아, 그런데 네 얼굴에 그 상처 왜 그러니? 누구랑 싸웠니?"

그랬더니 대뜸 그 녀석 한다는 말이

"우리 반에 석주란 애가 있는데 그 애가 엄마를 놀리잖아요."

"엄마를 놀려? 뭐라고?"

"아, 우리 엄마 스타킹 빵구 난 거 신고 다닌다고 놀리잖아요."

"그랬구나. 그래서 그 친구랑 싸웠구나. 엄마가 걱정하시는 거 같던데 엄마한테 그래서 그랬다고 잘 말씀드리지…."

"아휴, 신부님, 제가 바보예요? 그걸 엄마한테 말하면 엄마가 창피하잖아요."

"???"

저는 그 순간 할 말을 잃었습니다. 태웅이 녀석이 너무 대견해 보였습니다. 오히려 물어본 제가 바보 같다는 생각에 얼굴이 빨개졌습니다. 부모들은 참 많이 자녀들을 사랑하고 자녀들을 걱정합니다. 그런데 사실은 아이들 역시 아이들 나름대로 부모님을 사랑하고 있습니다. 하지만 서로 사랑하면서도 또한 서로 속상해합니다. 아마도 대화하는 방법을 몰라서 그런 것인지도 모르겠습니다.

여기서 주인공인 초등학교 5학년 아들이 어머니에게 사실을 말하지 않으면 어머니는 짐작만 할 뿐이라는 사실이다. 아무리 당신 몸에서 태어난 자식이라고 해도, 그 어머니라고 해도 말하지 않으면 그 마음을 모른다. 더욱이 남편이 말하지 않으면 아내는 그 남편의 속마음을 알 수 없다. 그러나 그 뜻을 올바르게 표현하지 않으면 더 크게 오해해서 듣게 된다.

가령 연락 없이 늦게 들어온 아이에게 많이 걱정한 어머니가, '너 지금 몇 시야? 나가, 나가라고. 너같이 엄마 속 썩이는 자식은 필요 없어. 나가.' 하면 마음속으로는 자신을 걱정한다는 걸 알지만 진정으로 나를 걱정해 주신 어머니인가를 받아들이기가 쉽지 않다. 그러나 어머니가 '늦었네. 엄마는 많이 기다리면서 걱정 많이 했는데. 네가 걱정되어서 저녁을 아직 못 먹고 있단다. 너도 배고프지. 엄마 얼른 저녁 차릴게. 엄마가 이제는 마음 놓고 저녁을 먹을 수 있겠구나.'라고 했다면 아이는 어떤 생각을 할까. 다음에도 연락 없이 늦게 들어와야겠다는 생각이 들까.

위에서 얼굴만 빨개진 신부님이 당신의 마음을 다음과 같이 표현해 주셨다면 태웅이가 신부님 마음을 알 수 있지 않았을까.

"그렇구나. 엄마가 창피할까 봐 엄마에게 말하지 않았구나. 엄마가 네 마음을 아시면 기뻐하시겠네. 엄마를 생각하는 네 말을 들으니까 신부님이 이렇게 기쁜 걸 보면 예수님도 많이 기뻐하실 것 같구나. 혹시 그럴 때 싸우지 않는 다른 방법은 없었을까."

이렇게 아이의 마음을 표현해 주고 또 엄마의 마음과 신부님의 마음, 예수님의 마음까지 얘기했다면 아이가 자신에 대해 어떤 생각이 들었을까. 그리고 마지막에 다음에 또 그런 일이 있을 때 싸우지 않고 문제를 해결할 방법을 연구하지 않을까.

이렇게 나를 표현하는 구체적인 방법은 다음과 같다.

나를 표현하는 대화 방법

중요한 내용을 TV로 시청하고 있을 때, 아이가 TV 앞을 크게 떠들며 왔다 갔다 할 때,

1) 상대방의 행동을 사진 찍듯이 객관적으로 표현한다.
예: '네가 TV 앞에서 얼쩡거리면서 엄마 TV 못 보게 막으면' 대신
　　에 '네가 TV 앞에 있으면'으로 표현한다.

2) 나의 생각이나 느낌을 말한다.
예: '비켜! 저리 가! 나가!' 대신에
　'엄마는 화면이 안 보여서 답답하네.'

연락 없이 늦게 온 자녀에게
"네가 아무 생각 없이 늦게 와서 엄마 속 썩이면" 대신에,

"네가 연락 없이 늦으면 엄마는 많이 불안하고 걱정이 된단다."

로 표현한다. 여기에 더하여,

"네가 여학생인데 우리 집 골목이 번두리여서 어둡고 으슥해서 네가 늦으면 불안하고 걱정이 된단다."

를 덧붙일 수 있다.
나를 어떻게 표현하느냐에 따라서 상대방이 스스로 자신의 행동을 긍정적으로 변화하게 하기도 하고 또 변화하고 싶지 않게 하기도 한다.

내가 뭘 하든 아빠가 무슨 상관이에요?

방에 처박혀 있지 말고 나오라는 아빠의 말에

"야! 아빠는 더 이상 너랑 공부할 수 없어."

지난 주 금요일, 남편이 오전만 근무하는 날이었습니다. 시험을 앞둔 지영이도 그날은 쉬는 날이라 아빠와 사회 공부를 하기로 했습니다. 공부는 오후 2시쯤 시작되었습니다. 10분쯤 지났을까 아이는 졸기 시작했습니다. 아빠는 세수하고 잠을 깨서 공부하자고 했는데 지영이는 졸지 않았다고 짜증스럽게 말하면서 방으로 들어갔습니다.

"짜아식 말이야. 재는 공부를 잘 할 수가 없어. 와 보니까 한 것도 거의 없고 텔레비전만 보고 있고, 집에 있는 날인데 학교 가는 날보다 더 못해. 학교 안 가면 뭐하겠어!"

외출하고 돌아온 저는 남편의 말을 들으면서 괜히 남편과 아이에게 화가 나서 아무 말을 못했습니다. 오후 3시가 훨씬 넘은 시간이라 저는 아이를 깨우고 간식을 주었습니다. 공부는 4시가 다 되어 시작했습니다. 시작한 지 10분도 안 되어 지영이는 또 다시 아빠의 질문에 짜증을 냈고 아빠도 덩달아 화를 냈습니다.

"야! 너 왜 그래. 네가 이렇게 하면 아빠는 더 이상 너랑 공부할 수 없어!"

"알았어요!" 하는 지영이의 큰 목소리가 들리더니 자기 방으로 들어가서 문을 쾅 닫았습니다. 잠시 후 아빠가 지영이 방 잠긴 문 앞에서 말했습니다.

아빠: 박지영! 왜 문을 잠궈! 문 잠그지 말라고 했지! 너 거기서 뭐하고 있는 거야?

지영: 내가 여기서 뭘 하든 아빠가 무슨 상관인데요?

아빠: 거기 난방 꺼 놔서 추운데 처박혀 있지 말고 이리 나오라고!

지영: 엄마 불렀는데 엄마가 안 오잖아요!

아빠: 핑계대지 마라. 그리고 엄말 하루에도 몇 번을 부르는 거야. 엄마가 네 하인이야? 엄마가 필요하면 네가 엄마한테 가!

지영: 내가 필요해서 엄마 부르는데 아빠가 왜 그래요. 정말!

아빠: 나랑 공부를 못 하겠으면 나와서 엄마랑 공부해. 아빠는 아까 네가 아빠랑 공부하겠다고 해서 기분이 좋았어. 그런데 잠이 와서 짜증이 난 것 같아서 자라고 한 거야. 잠에서 깼으면 다시 해야지 왜 계속 짜증을 내?

지영: 못하겠다며 짜증낸 게 누군데요. 내가 아니고 아빠가 먼저 짜증냈잖아요.

아빠: 아빠 사라져 버리면 좋을 테니까 운동 갈 거야. 엄마랑 나와서 하라고.

지영: 아, 진짜!

그리고 남편이 운동하러 나갔습니다. 잠시 후 지영이가 방 밖으로 나와서 저와 같이 공부했습니다. 그런데 선생님, 이런 경우에 제가 아이를 잘 이해해 주면서도 엄격한 엄마가 되려면 어떻게 해야 하는지요.

위의 상황에서 세 사람, 각각 어떻게 해야 하는지 생각해 본다.

우선 지영이 아버지의 행동이다.

지영이를 이해하기보다는 지영이의 행동을 고쳐 주려고 판단하고 평가하며 훈계하고 설득하고 명령한다. 지영이의 마음을 이해하려 한다면 어떻게 말해야 했을까.

지영이와 공부를 시작해서 졸기 시작했을 때 이렇게 말한다.

"지영이가 졸렸구나. 어떻게 할까, 지금 잠 좀 자고 시작할까, 아니면 세수하고 와서 공부할까. 지영이 생각은 어때?"

"아빠, 저 잠자고 할게요."

"그럴래. 그럼 얼마나 자면 될까, 30분?"
"음, 네. 30분 후에 깨워 주실래요?"
"그럴게."

이렇게 얘기했다면 결과는 어떻게 되었을까. 지영이가 방으로 들어가서 문을 잠갔을까.
위의 대화처럼 아빠와 대화한다면 지영이는 같은 상황에서 이렇게 말하지 않았을까. 아빠에게 배웠으니까.

"아빠, 저 지금 잠이 오네요. 제가 30분이나 40분 정도 잠자고 하면 안 될까요?"
"그래? 낮잠이니까 40분보다는 좀 줄이면 어때?"
"아빠, 그럼 30분 잠자고 와도 돼요?"
"그래, 아빠 기다리고 있을게."

지영이가 이렇게 얘기했다면 기다리지 않을 아빠가 있을까. 위와 같은 상황으로 바뀌면 지영이는 행복하게 배우고 지영이 아빠도 행복하게 가르치게 될 것이다. 이 모습을 지켜보는 지영이 어머니 또한 행복하지 않겠는가.
또 지영이 어머니는 어떻게 얘기해야 했을까?
지영이 아버지가 운동한다고 집을 나간 후에 지영이의 방문 앞에서 말한다.
"지영아, 엄마야. 방문 열어 줄래?"

"3분에서 5분만 기다려 주세요."

"3분이 30분처럼 느껴지지만 기다릴게."

지영이가 방에서 나온다.

"엄마는 공부하던 지영이가 방으로 들어가서 문을 잠근 이유를 알고 싶어."

"아빠가 나랑 더 이상 공부 못 하겠다고 하잖아요."

"그래서 네 방으로 들어가서 문을 잠궜다구."

"네."

"어떤 일로 아빠가 너랑 공부 못 한다고 하셨지?"

"내가 좀 큰 소리로 말했더니 짜증낸다고 하잖아요."

"그랬어. 네가 큰 소리로 말한 이유가 있었겠지."

"그냥 짜증이 났어요."

"그냥 짜증이 나서 목소리가 커졌어. 엄마는 네 목소리가 커서 조마조마했어. 그리고 아빠가 네 잠긴 방문 앞에 서 계시니까 엄마는 아빠에게 정말 미안했어."

"왜요?"

"엄마가 너에게 가르쳐야 할 아빠에 대한 예의를 가르치지 못했다는 생각이 들었어."

"무슨 예절이요?"

"아빠가 큰 소리로 말씀하신다고 해도 네가 한 행동은 바른 행동이 아니거든. 엄마가 네게 그런 걸 가르치지 못했어."

"…."

"잘못했을 때는 잘못했다고 사과해야 하는 거야."

"어떻게요?"

"여러 가지 방법이 있지. 아빠가 오시면 '아빠, 아빠 말씀 중에 제 방으로 가 버렸고 또 문도 열어 드리지 않아서 죄송했어요.'라고 할 수도 있고, 지금 전화로 사과할 수도 있고…."

"알았어요. 지금 전화할게요."

"지영아, 고맙다, 엄마 말을 들어줘서. 엄마도 아빠에게 사과할 거야. 이렇게 예쁜 우리 딸에게 가르쳐야 할 것을 잘 가르치지 못해서 죄송하다고 말이야."

"엄마, 저 때문에 죄송해요."

"그래. 지영이 전화 받고 기뻐하실 아빠를 생각하니까 아빠에게 미안했던 엄마 마음도 많이 편안해졌어. 고마워."

작은 사건을 지혜롭게 풀 수 있는 한 사람만 있어도 주변 사람들에게 이처럼 행복을 나눌 수 있는 것을.

고치는 데 얼마가 들었는지 알아?

컴퓨터를 또 고장 낸 아내에게 남편이

제 노트북이 고장났습니다. 노트북을 잘 아는 남편은 고객센터에 알아보더니 28만 원이 든다면서 인터넷으로 하드디스크를 14만 원에 주문해서 새벽 1시까지 고쳤습니다. 남편은 열심히 고친 노트북을 제게 건네주면서 주의할 점을 얘기했습니다. USB를 먼저 꽂고 부팅하면 노트북이 고장 날 수 있으니 반드시 부팅을 먼저 한 다음에 USB를 꽂으라고요. 그리고 4일이 지났습니다. 저는 남편의 주의를 깜빡 잊고 습관적으로 USB를 먼저 꽂고 부팅을 했습니다. 갑자기 화면이 멈춰 버렸습니다. '어머! 어떡하지? 남편에게 뭐라고 말하지.' 생각하는데 그때 마침 남편이 들어왔습니다. 저는 깜짝 놀랐고, 가슴이 철렁했습니다. 저는 어리벙벙했지만 진심으로 미안한 마음을 담아 말했습니다.

"여보, 어쩌죠. 제가 깜빡 잊고 USB를 꽂고 전원을 켜서 노트북 작동이 되지 않아서요…."

그러자 남편은 제가 '미안해요' 라는 말을 덧붙이기도 전에 큰 소리로 말했습니다.

"내가 그렇게 조심하라고 했는데. 고치는 데 얼마가 들었는줄 알아. 그걸 잊고 또 고장 내면 어떡해!"

남편의 말을 듣자 저는 마음속 깊이 미안했던 마음이 한꺼번에 다 사라져 버렸습니다.

'내가 고장 냈냐! 고장 났지. 더럽고 치사해서 노트북 수리비 내가 낸다. 내가 내! 노트북이 나보다 그렇게 중요해? 습관이 안 돼서 깜빡 잊고 그런 걸. 그렇게까지 화낼 일이냐구! 당신은 잘못한 적 없어요. 처음 결혼했을 때부터….' 하고 싶은 말이 줄줄이 넘쳤지만 아훈 과정에서 공부하고 있는 저는 멈추고 잠시 생각했습니다. 그리고 치밀어 오르는 부정적인 감정을 누르며 말했습니다.

"여보, 미안해요. 당신 고치느라 애썼는데. 미안해요. 제가 깜빡했네요. 제가 조심했어야 했는데 앞으로 신경 써서 잘 사용할게요."

"됐어!"

남편은 싸늘하게 말하고 노트북을 들고 나갔습니다. 그날 우리는 말없이 각각 다른 방에서 잤습니다.

다음날 아침이었습니다. 그런 날이면 으레 그러듯이 저는 말없이 식사 준비를 했고, 남편도 말없이 아침식사를 절반쯤 먹고 출근했습니다. 저도 아침식사를 하다 말았고, 설거지하면서도 우울했습니다. 한 시간쯤 지나서 전화가 왔습니다. 휴대폰에 '신랑'이 떴습니다. 받을까 말까 또 무슨 잔소리를 늘어놓으려나. 남편은 그런 날이면 늘 하는 습관이 있습니다.

"내가 화내려고 화낸 게 아니라, 당신도 생각 좀 해 보라구. 내가 그렇게 조심하라고 당부했는데 그걸 잊어버리다니 말이 되느냐구…." 30분 넘게 줄줄이 이어질 잔소리를 생각하며 또 다시 받을까 말까를 망설였지만 퇴근해서 이어질 살벌한 집안 분위기를 떠올리며 결국 받았습니다.

"여보, 어제 노트북 고장 냈다고 심하게 화내서 미안해…."

"웬일이야?" 가슴이 멍했는데 남편의 친절하고 부드러운 목소리가 이어졌습니다.

"그깟 노트북이 뭐라고. 앞으로 고장 나면 그때마다 10만 원이 들던, 100만 원이 들던 다시 고칠게."

놀라운 남편의 말을 들으면서 언젠가 배웠던, 꼭 하고 싶었던 말을 했습니다.

"여보, 당신 말 들으니까 어제 많이 서운했던 마음이 깨끗이 사라지네요. 앞으로 습관이 될 때까지 메모해서 붙여 놓고 신경 써서 사용할게요. 고마워요."

"아니야, 나도 나이 들면서 깜빡하는데 당신은 아이도 낳았고 나이 들어서 깜빡하는 건데. 그런 거 신경 쓰면 스트레스 받으니까 맘 편히 사용해도 돼. 고장 날 때마다 얼마가 들던지 내가 고칠게."

"여보, 고마워요. 당신 마음 제게 감동이네요. 앞으로 조심할게요."

남편도 배운 결과였습니다. 그날 저녁, 고마운 남편이 좋아할 음식을 생각하며 된장찌개, 생선조림, 마파두부를 전혀 힘들이지 않고 기쁘고 행복한 마음으로 준비할 수 있었습니다.

중학교 1학년인 아들과도 며칠 전에 문제가 생겼습니다. 운동기구를 타다가 넘어져서 친구들의 부축을 받으며 집에 왔는데 아이의 발목에서는 피도 흐르고 발목도 부어 있었습니다. '친구랑 같이 탔는데 어떻게 너만 다치니? 너만?' 하려던 말을 멈추고,

"많이 아팠겠네. 괜찮아? 그래도 다리만 다치고 건강한 모습으로 집에 들어와서 다행이고 감사하네."

하며 급하게 병원에 가서 깁스를 하고 집에 오자 아들이 말했습니다.

"엄마, 많이 변하셨어요. 제가 유치원 다닐 때 미국에서 이모가 오셔서 반갑다고 베란다로 뛰어가다가 화분에 넘어져서 다쳤었는

데, 그때 엄마가 엄청 화내면서 때린 등이 다친 발보다 더 아파서 울었는데. (웃으면서) 괜찮아요. 지금은 안 그러시니까요."

다음날, 교회 헌금봉투에 2만 원을 넣는 아들에게 이유를 물었습니다.

"네. 제가 다치긴 했지만 수술도 안 하게 되었고 6주 후면 다시 걸을 수 있으니까 감사하죠. 그래서 감사헌금 드리려구요. 그리고 다치면서 걸을 수 있다는 게 얼마나 감사한 일인지 알게 되었어요."

"네 말을 듣는 내가 이렇게 기쁜데 하느님께서는 얼마나 더 기뻐하실까."

제 말을 들으며 아들이 씨익 웃었습니다. 이제는 사건이 생기면 화나는 게 아니라, 제 사랑이 남편에게, 아이에게, 차고 넘쳐서 충만함으로 가득하길 바라는 마음으로 열심히 연구하게 됩니다. 저희 식구들이 서로 각각 자기표현을 하면서 '고민'이던 관계가 '행복'한 관계로 바뀌었습니다. 이렇게 제 삶과 가정이 달라졌습니다. 아훈 덕택입니다.

9장 상대방과 나의 욕구 갈등 해결 방법

서로 다른 욕구를 풀어가는 여섯 단계 해결법

우리 집 작은아이가 중학교 3학년에 올라간 어느 날이었다. 머리를 긁적이며 머뭇머뭇 다가오더니 조심스럽게 말문을 열었다.

"제가요. 드릴 말씀이 있는데요."

"그래? 무슨 얘긴데?"

"있잖아요. 그게, 그게요…."

"말하기 어려운 내용이라고?"

그때 나는 아이의 어떤 이야기여도 들어주고 싶었다. 물론 '아빠랑 의논해서.'라는 말을 덧붙이겠지만 들어주고 싶었다. 아이는 어렵게 한 단어로 시작했다.

"자 . 전 . 거. 가요…."

"아, 자전거 사고 싶다고?"

"죄송해요…. 그게요."

"그래. 엄마도 네가 자전거 사야겠다는 생각을 했는데."

"사 주시는 거예요? 그때 그 얘기 잊지 않으신 거죠?"

아이가 확인을 했다. 어쩌면 나는 잊고 있었는지도 모르겠다. 아이의 말에 '아차!' 하는 생각이 들었는데 이미 말은 시작되었기 때문에 취소하기에는 늦은 것 같았다. 나는 긴가 민가 하는 기억을 아이는 분명히 잊지 않고 있었다. 아이가 중학교 입학해서였다. 자전거를 사기로 했다. 조건은 중학교 졸업할 때까지 한 대를 사는 약속이었다. 아이와 나는 자전거 점포에 갔고, 여러 종류의 자전거를 살펴보던 아이가 난감해했다. 일곱 살에 학교에 들어간 아이는 그때까지만 해도 키가 작은 편이었다. 본인이 꼭 사고 싶었던 자전거를 사면 중3까지 타기에는 부족하고 성인용은 본인의 발을 힘껏 뻗어야 겨우 페달에 닿기 때문에 벅찼던 것이다. 갈등하는 아이에게 나는 말했다.

"엄마는 네가 중3까지 타야 하니까 성인용을 샀으면 해. 물론 가격이 더 비싸지만 네가 원하면 사 줄게. 혹시 네가 이 작은 자전거를 산다고 해도 엄마는 네가 원하는 것으로 사 줄게."

"엄마, 제가 며칠 더 생각해 보고 결정하면 안 돼요?"

"물론 되지. 엄마 기다릴게."

며칠 뒤에 아이는 결정했다고 했다. 작은 자전거였다. 나는 아쉬웠지만 아이가 원하는 자전거를 사 주었다. 틀림없이 후회할 것이라 생각하며 사 주었다. 며칠 자전거를 신나게 타던 아이의 자전거가 어느 날부터 대문 안 한쪽에 머물러 있는 날이 많았다. 그리고 자전거에 대한 이야기는 더 이상 없었다. 2학년이 되면서 가끔 말했다.

"오늘은 친구 자전거 빌려 타고 학교까지 갔었어요."

"친구는?"

"친구는 친구 형 자전거 타고 갔어요."

나는 남편과 작은아이의 자전거를 사야 할 것 같다고 몇 번 애기를 했었는데 그날 아들이 말한 것이다.

"그래. 네 자전거를 사야겠다는 얘기를 아빠랑 몇 번 했어."

"그러니까 사 주신다는 얘기죠."

"물론 2년 동안 작은 자전거를 타느라고 애썼으니까."

"고맙습니다. 제가 그 자전거를 사고 며칠 만에 후회하기 시작했어요. 얼마나 후회했는지요. 그리고 생각했어요. 내 생각이 옳은 것 같지만 어른들의 말씀을 들어야겠다고요. 그런데 그 후에도 제 생각이 옳은 것 같아서 결정하고 또 후회하고 하는 걸 여러 번 반복했어요. 앞으로도 그런 일이 많겠죠. 고맙습니다."

우리 아이도 그 사건을 잊지 않고 있겠지만 나 또한 그 사건을 잊지 않는다. 지금도 자전거만 보아도, 자전거 애기만 들어도 흐뭇한 사건으로, 아름다운 사건으로 나를 행복하게 한다.

생각이 다른 우리는 욕구도 각각 다르다. 이렇게 서로 다른 욕구일 때는 다음의 여섯 단계로 사건을 푼다. 문제를 풀어 갈 주체는

나 자신이기 때문에 우선 상대방의 욕구부터 먼저 찾는다.

1) "당신이(네가) 하고 싶은 것은 이것이죠." 하고 상대방의 욕구를 잘 들어서 그 내용을 정의해 준다.
2) "내가 하고 싶은 것은 이것이야." 하고 나의 욕구를 정의해서 말한다.
3) 상대방과 나의 욕구를 충족시킬 수 있는 방법을 찾고 말한다.
4) 제안된 해결 방법을 평가하고 그 중에 서로 만족할 수 있는 방법을 선택한다.
5) 선택된 방법을 실행한다.
6) 실행한 후 재평가한다.

위와 같은 방법으로 사건을 어떻게 풀어나가는지 다음의 사례를 본다.

엄마, 저 로봇도 사 주세요

금방 거북이 사고 아들이

유치원생인 환이는 오래 전에 엄마가 사 주기로 약속했던 거북이를 사고 신이 났다. 기쁨을 감추지 못하고 노래까지 부르는 환이와 집으로 돌아오는 길이었다. 어느 장난감 가게 앞을 지나고 있었다.

"엄마, 나 저 로봇도 사 주세요. 네, 엄마."

환이가 가리키고 있는 커다란 로봇은 언뜻 보기에 5만 원 가까이 되는 것 같았다. 가슴이 철렁했다. 예전의 환이 어머니라면 다음과 같은 방법 중 한 가지 방법으로 문제를 해결했을 것이다.

사건 해결 방법 1

엄마: 금방 거북이 사 줬잖아. 무슨 장난감을 또 사 달라고 해?
　　　오늘은 절대 안 돼. 그냥 가!! 빨리!!

엄마는 우는 아이를 억지로 끌고 집으로 간다.

이렇게 문제를 해결하면 아이의 마음은? 엄마의 마음은?

사건 해결 방법 2

엄마: 금방 거북이 샀잖아. 다음에 사 줄게. 빨리 집에 가자.

환이: 싫어, 싫어, 나 저 로봇 갖고 싶단 말이야. 다른 애들은 다 갖고 있단 말이야. 빨리 사 줘!! (아이가 땅바닥에 주저앉아 발을 비빈다.)

멀리서 잘 아는 학부모가 다가오는 게 보인다.

엄마: (조용히 목소리를 깔고) 나, 너 땜에 정말 못 살아. 이번만 사 줄 거야. 다음부턴 절대로 안 사 줘. 빨리 와, 빨리! 사준다고 하잖아!

엄마는 학부모가 가까이 오기 전에 얼른 로봇을 사 주고 아이를 데리고 집으로 간다.

이렇게 사건을 해결한 후, 아이의 마음은? 엄마의 마음은?

사건 해결 방법 3

1) 환이의 욕구: 지금 저 로봇을 꼭 사고 싶다.
2) 엄마의 욕구: 부모의 욕구(계획)에 맞추어서 장난감을 사 주려고 한다. (1년 동안 3만 원 씩 다섯 번 15만 원. 혹은 1년 동안 5만 원씩 다섯 번 25만 원)
3) 서로의 욕구가 충족되는 해결 방법을 찾는다.
   가) 지금 로봇을 사고 다음 달 생일 선물로 한다.
   나) 지금 로봇을 사고 3개월 후, 크리스마스 선물로 한다.
   다) 지금 집에 가서 거북이와 놀고 생각한 후에 다시 결정한다.

라) ….

4) 해결방법을 평가하고 선택한다.

가) 방법(지금 로봇을 사고 다음 달 생일 선물로 한다.)으로 선택한다.(단 생일에 선물 사 달라고 조르지 않는다.)

5) 실행한다.

지금 사 준다.

6) 실행 후 재평가한다.

이런 방법을 배우고 난 후 환이 어머니는 상황을 어떻게 풀었는지 알려 주었다.

"엄마, 저 로봇도 사 주세요."

저는 감정을 정리하고 배운 것을 생각하며 할 말을 정리해 보았습니다.

'네가 저 장난감을 사 달라고 하니까 엄마가 참 곤란해. 엄마는 거북이만 사려고 왔는데 장난감까지 사면 엄마 돈이 없어. 또 네가 새로운 장난감을 볼 때마다 사 달라고 할까 봐 불안하고 걱정이 돼.' 하려고 했지만 아닌 것 같았습니다. 즉 아이가 반발할 것 같았습니다. 첫 번째로 '엄마, 돈이 없어.'에서 아이가 '엄마 지갑에 돈 있잖아.' 하면 제가 '그건 다른 데 쓸 거야.' 하면 '그럼 카드 있잖아.' 할 것 같아서 그 말은 아닌 것 같았습니다. 또 '네가 새로운 장난감을 볼 때마다 사 달라고 할까 봐' 하면 '엄마, 안 그럴 거예요. 이번만 사 주면 돼요.' 할 것 같았습니다. 그래서 저는 다시 생각하며 말했습니다.

"환이야, 엄마는 네 말을 들으니까 가슴이 철렁해."

"왜요? (제 대답을 기다릴 사이도 없이 곧바로) 아, 알겠다. 돈이 없는데 내가 자꾸 사 달래서 그렇지요?"
"후우~ 그래. 환이가 엄마 마음을 잘 알아줘서 엄마 시원하네."

"음. 알았어요. 엄마, 이다음에는 내가 잘 생각해 보고 꼭 필요한 것만 사 달라고 할게요."

"그래. 엄마를 생각해 줘서 정말 고맙다."

이 사례를 알려 준 초등학교 선생님은 소감을 말했다.
저는 학교에서는 인정받는 교사입니다. 그런데 집에서 하나밖에 없는 아들과 늘 문제가 되었습니다. 온 마음으로 아이를 잘 키우고 싶었습니다. 그런데 안 되더라고요. 이 문제만 해도 장난감 가게에 갈 때마다 편안히 집에 돌아온 적이 없었습니다. 왜냐하면 앞에서 말한 '방법 1'이나 '방법 2'를 왔다 갔다 했으니까요. 그런데 제가 하는 말, "가슴 철렁하다."는 말을 듣고 "아, 알겠다. 돈이 없는데 내가 자꾸 사 달래서 그렇지요?" 하는 반응을 보이다니요. 제 아이가 이렇게 엄마를 생각해 주는 아이구나 했을 때 아이에 대한 사랑스러움, 대견함, 기쁨, 이런 감정들로 가득했습니다. 그리고 "다음에는 잘 생각해 보고 꼭 필요한 것만 사 달라고 할게요."라는 말도 제게는 충격이었습니다. 제가 할 말을 아이가 알고 있었구나 하구요. 그 말은 예전에는 제가 수없이 하던 말이거든요. "네가 잘 생각해 보고 꼭 필요한 것만 사 달라고 해야 엄마가 사 주지. 그러니까 꼭 필요한 것만 사 달라고 해." 아마도 백 번은 더 했을 것 같은 말입니다. 그런데 그 말을 아이가 하다니요. 약 2개월이 넘는 날들을 훈련한 보람을 이 한 사건으로 충분히 보상받았다는 생각이 들었습니다.

환이는 이 사건에서 자신의 생각과 엄마의 생각이 다르다는 것을 알게 된다. 자기 생각만 있는 것이 아니라 엄마의 생각도 있다는 것을 알게 된다. '된다.' '안 된다'가 아니라 '어떤 방법이 있는가?'를 생각하기 시작한다. 즉 연구하며 창의력을 발휘하게 된다. 작은 사건이지만 평생 살아가면서 배워야 할 중요한 삶의 기술을 배우게 된 것이다. 지혜로운 엄마에게서 지혜로움을 배우게 되는 것이다.

나는 환이 어머니의 이야기를 들으며 스테판 아인혼이 다음의 말로 환이 어머니를 격려한다는 생각이 들었다.

"참된 친절을 베푸는 행위는 하나의 예술이다. 그리고 누구나 배우면 그러한 경지에 도달할 수 있다."

네가 메시냐?

메시가 신었다는 축구화를 사 달라는 아이에게 엄마가

하나밖에 없는 중학교 1학년 아들이 자기 방으로 와 보라고 하더니 휴대폰을 열면서 보여 주었습니다.

"(조심스럽게) 엄마, 저 이 축구화 신고 싶은데 사면 안 돼요?"

아이가 보여 준 축구화의 가격은 20만 4천 원이었습니다.

'아뿔싸, 얘가 제 정신이야? 너 20만 4천 원이 누구 집 애 이름이냐, 넌 생각이 있어? 없어? 축구화 집에 있잖아. 땅 파면 돈이 나오냐, 금이 나오냐….'

이렇게 나오려는 말을 멈추었습니다. 그리고 잠시 마음을 정리하고 말했습니다.

"네가 이 축구화를 사고 싶은 이유가 궁금하네."

"아빠가 축구화 사 주신다고 하셨고, 학교에서 친구들이 신은 것 빌려서 신어 봤는데 착용감도 좋아서요. 그리고 메시가 신은 거거든요."

'네가 메시냐? 메시처럼 축구 선수 될 것도 아니면서. 욕심이 한도 끝도 없어. 엄마 돈 없어. 네가 알아서 사든가 말든가.' 아무리 아이가 축구를 좋아하고 메시를 좋아하지만 저는 하고 싶었던 말들이 많았습니다. 그러나 또 배운 걸 생각하며 말했습니다.

"그렇구나. 그런데 예상한 가격보다 비싸서 엄마 생각하게 되네. 엄마는 소비는 하지만 낭비는 하고 싶지 않거든. 그리고 아빠에게 어떻게 말해야 할지 그것도 많이 어려워."

"제가 용돈 10만 원 보태면 안 돼요?"

'용돈이면 그게 다 네 돈이냐, 그 용돈이 어디서 나온 돈인데….' 하고 싶었지만 다시 정리하고 말했습니다.

"그래. 네 용돈 보탠다니까 고마워. 아빠랑 잘 의논하고 나서 다시 이야기하면 어떨까?"

"네, 엄마. 고마워요. 그리고 비싸다고 화내지 않고 들어주셔서 고마워요."

"엄마도 네가 속으로만 끙끙하지 않고 엄마에게 말해 줘서 고마워."

"네, 엄마. 고맙습니다."

"비싸다고 화내지 않고 들어주셔서 고맙다."던 아들의 말은 복잡한 제 마음을 달래 주었습니다. 어쩐지 제 수준이 높아지는 것 같았습니다. 그러나 남편과 의논할 생각을 하니 걱정이 태산이었습니다. 틀림없이 남편은 20만 원은 말이 안 된다고 할 테니까요. 그러나 화내지 않아서 고맙다는 아들에게, 특히 자신의 용돈 10만 원까지 보탠다는 아이에게 저는 이미 사 주고 싶은 마음이 되었습니다. 아이가 학원에 간 뒤에, 단단히 각오를 하고 아이가 고른 축구화를 남편에게 보이며 말했습니다.

"여보, 준호가 갖고 싶은 운동화가 이거래요."

"뭐? 학생이 이렇게 비싼 운동화를 신어! 나도 이런 거 안 사는데. 내 구두보다 더 비싸네. 나도 세일할 때만 사는데 학생이 사치고 허영이야. 안 돼."

'그러면 그렇지, 조금만 비싸다고 생각되면 순순히 사 준 적이 없지. 이번에도 또! 또!' 저는 무력감이 들었지만 말했습니다.

"그래요. 전 준호가 처음으로 자신이 사고 싶은 축구화를 사 달라고 한 건데. 원래 축구화 사 주기로 했으니까 사 주면 어때요. 자신의 용돈, 10만 원까지 보태겠다는데요. 축구화는 좋은걸 신어야 발에 좋다고 해서요. 전 사 주고 싶어요."

"그래? 그럼 당신이 사 주던가. 애를 그렇게 교육시켜서 어쩌려고. 참!"

저는 말문이 막혔습니다. 더 이상 남편을 설득할 능력이 없는 것 같았습니다. 하긴 저도 한편으로는 망설이게 되었습니다. 아무리 아이가 축구를 좋아하고 또 축구선수 메시를 좋아한다고 해도 중학교 1학년 아이에게 20만 4천 원짜리 축구화를 사 주는 것이 옳은 결정인지, 사치며 낭비인지 구분이 되지 않았습니다.

그렇다. 부모는 자녀에게 건강한 소비생활을 가르치고 싶다. 웬만한 부모라면 20만 4천 원짜리 축구화를 상상이나 할까. 아이들이 사고 싶다는 걸 다 사 준다면 아이들이 세상 물정을 모를 것 같다. 그러나 아버지가 했던 말을 생각해 본다.

'뭐? 학생이 무슨 이렇게 비싼 운동화를 신어! 나도 이런 거 안 사는데. 내 구두보다 더 비싸네. 나도 세일할 때만 사는데 학생이 사치고 허영이야. 안 돼.'

아버지가 하는 이 말을 준호가 들었다면 아이는 어떤 생각을 할까?

자식은 부모보다 더 좋은 걸 하면 안 되고, 더 잘 살면 안 된다고? 그러면 아빠처럼만 살라는 말인가? 오해할 수 있다.

그렇다면 부모의 마음이 오해 없이 전달되면서 또 자녀가 건강한 소비생활을 할 수 있도록 어떻게 대화할 것인가.

저는 며칠을 생각하다가 연구소에서 방법을 의논한 후에 남편에게 말했습니다.

"여보, 준호 축구화 얘기해도 될까요?"

"축구화? 또 그 얘기?"

"네. 당신은 준호가 낭비하지 않고 검소한 소비생활을 하도록 돕고 싶은 거죠. 그러면 준호에게 20만 4천 원짜리 축구화를 중학교 졸업할 때까지 신겠다고 동의하면 사 준다고 제안하는 방법은 어때요? 그리고 부모가 아이들에게 '나는 이렇게 이렇게 살았어.' 하고 어렵게 살았던 얘기를 하면 아이들은 부모처럼만 살라는 말로 오해해서 들을 수 있다고 해요."

"(잠시 생각하더니) 준호가 사 달라고 한 축구화 모델이 뭐야?"

방으로 들어간 남편은 컴퓨터 앞에서 아들이 신고 싶다는 축구화를 검색하고 있었습니다.

"와~ 당신 준호 축구화 검색하고 있었네요."

기뻐하는 제 얘기에 말이 없던 남편은 학원에서 돌아온 아들에게 얼른 다가가, 컴퓨터를 보이며 말했습니다.

"준호야, 네가 신고 싶다는 축구화가 이거니?"

"네. 제가 10만 원 보태서 성탄절 선물로 하면 안 돼요?"

"그래? 지금 이 축구화 사면 중학교 졸업할 때까지 신을 수 있겠니?"

"그럼요. 제가 생각해 봤는데요. 축구화가 비싸니까 오래 신어야 해서요. 축구화를 한 사이즈 큰 걸로 사서 처음엔 축구용 두꺼운 양말 신고 신다가 발이 커지면 일반 양말 신으면 졸업할 때까지 신을 수 있어요."

"그렇구나, 우리 준호가 그 생각까지 하고 있었구나. 준호야, 아빠도 중학교 때 좋은 운동화 사고 싶었던 적이 있었어. 그때 할머니께서 사 주셨을 때 너무 기뻤거든. 네가 이 축구화를 아끼며 신겠다니까 아빠는 그게 20만 원이든 200만 원이든 기쁘게 사 줄 수 있어."

"(환하게 웃으며) 아빠, 감사해요. 그러나 하루만 더 생각해 보고 제가 꼭 필요하면 말씀 드릴게요."
"알았어."
남편과 아들이 환하게 웃자 저도 기뻐서 말했습니다.
"준호야, 네가 오래 신을 방법까지 연구했구나. 고마워. 그리고 당신 고마워요."

다음날 아들이 남편과 제게 말했습니다.
"아빠, 주문했더니 매진돼서 기다리래요. 그런데 그냥 일반 축구화 살까 해요. 축구화는 날마다 신는 것도 아닌데 일반 운동화를 좀 좋은 걸로 사고 축구화는 보통 것으로 살까 해요. 며칠 더 생각해 보고 결정되면 얘기할게요. 그리고 아빠가 엄마처럼 화내지 않고 얘기해 주셔서 고맙습니다. (저를 쳐다보며) 엄마가 도와주신 거죠. (고개 숙이며) 엄마, 고맙습니다."
저는 아들의 눈가에 비친 눈물을 못 본 체 아들을 힘껏 안았습니다.
이렇게 편안하게 문제를 해결할 수 있다니요. 이런 상황에서 예전이었다면 거의 99% 축구화를 사 주지 않으면서 아이에게 화만 내고 끝냈을 것입니다. 아이를 사치하게 키우지 말라고 하는 남편과도 다투다가 언짢게 끝났을 것입니다. 다시 한 번 배움의 힘을 확인할 수 있는 사건이었습니다.

부모는 자녀가 자신보다 물질적으로도 정신적으로도 더 잘 살기를, 또 더 잘되기를 원한다. 그러나 사건을 통해서 그 반대의 의미로 전달되기도 한다. 그러므로 배우고 훈련해야 부모의 뜻과 사랑이 바르게 전달된다.

너, 이거 얼만 줄 알아, 이런 옷은 재벌 아들도 사기 힘들어

삼수 후 대학에 합격한 아들에게 점퍼를 사 주려고 백화점에 들른 엄마가

삼수 끝에, 드디어 대학에 합격한 하나밖에 없는 아들 동민이에게 저는 큰 맘 먹고 점퍼를 사 주려고 백화점에 갔습니다. 삼수까지 한 아들이 마음에 덜 들긴 했지만 그래도 합격해 준 것이 고마웠습니다. 아니 고맙게 생각하려고 애씁니다. 얼마짜리 살까? 20만 원? 30만 원? 아니, 큰 맘 먹고 50만 원이야. 저는 결심했습니다. 왠지 조금은 들뜬 저와 신이 난 아들이 가벼운 발걸음으로 여기저기 구경했습니다. 구경하던 아들이 한 가게에 들러 가죽으로 된 점퍼를 보며 마음에 들었는지 얼굴이 환해졌습니다. 저는 슬쩍 다가가서 가격표를 보았습니다.

'798,000원!'

'세상에!' 갑자기 먹구름이 제 앞을 가렸습니다.

'이건 아니지. 이건 안 돼.' 저는 마음속으로 결정했습니다. 저는 아들이 얼른 가격을 알아보고 물러서 주기를 기다렸습니다. 그러

나 제 결심을 모르는 아들은 옷을 입어 보며 저와 눈이 마주치자 더욱 환하게 웃었습니다. 은근히 참고 있던 저는 아들을 쏘아보며 말했습니다.

"너, 이거 얼만 줄 알아. 이런 옷은 재벌 아들도 사기 힘들어."

흠칫 놀란 아들이 금방 눈가에 물기를 띄며 말했습니다.

"알았어요. 안 사면 될 거 아니에요." 아들은 휑하니 옷 가게를 나가 버렸습니다.

'아차, 뭐가 잘못되었지?'

저는 얼른 아들을 따라가서 뿌리치는 아들에게 말했습니다.

"50만 원짜리로 골라."

"됐어요. 필요 없어요."

혼자 집에 가 버린 아들과 닷새가 지났는데 서로 말 한 마디 안 하고 지냅니다. 제가 어떻게 해야 할까요?

현직 교사인 동민이 어머니는 798,000원짜리 옷을 입는 아들을 보며 화났던 이유를 설명했다.

"이제 대학생이 된 아들이 비싼 옷을 함부로 사면서 돈을 낭비하게 될까 봐 절약하는 습관을 가르치고 싶었어요. 그리고 지금 우리(집, 나라, 경제 상황)가 그렇게 비싼 옷을 입을 때가 아니죠. 돈이 있다고 해도 자기 분수에 맞게 옷을 고르는 건 기본이라고 생각해요. 그걸 가르치고 싶었고 또 그 생각을 못하는 아들에게 실망해서 화가 났어요. 그러나 배우면서 깨닫게 된 것은 제가 50만 원 범위에서 사 주려 한다고 미리 알려주지 않은 것이죠. 아들이 제 계획을 미리 알았더라면 틀림없이 그 범위에서 사려고 했을 거예요. 아들이 798,000원짜리 옷을 고르려 한 것은 제가 미리 50만 원 예상이라는 말을 하지 않았기 때문이며 그건 제 잘못이라고 사과해야 한다는 거죠."

강의 중에 여기까지 발표한 동민이 어머니는 발표하면서 생각이 정리되었다고 했다. 생각이 정리 된 동민이 어머니는 목이 메었다. 언제나 엄마 맘대로, 엄마 주장대로 아이를 끌어 온 미안함에 대한 눈물이었다. 한 주가 지나고 동민이 어머니는 아들과 나눴던 얘기를 우리에게 들려줬다.

그날 집에 가는 길에 계속 눈물이 났습니다. 삼수 끝에 오랜만에 행복해하던 아들이 싸늘한 엄마의 말에 얼마나 황당했을까, 외로웠을까. 지난 가을 아침 출근길에, 배운 대로 하리라 애쓰는 제게 전화가 왔습니다. 정말 급한 일인데 자기 방에 있는 노란 봉투를 학원 정문 앞까지 갖다 달라고요. 어처구니없었습니다. 하던 대로라면 '엄마가 집에서 노냐, 집에서 놀면서 네 전화에 쫓아다니는 네 종이냐, 정신 차리라구, 그러니까 삼수를 하지. 그 정신으로 무슨 삼수냐, 삼수?' 등 갖다 주지도 않으면서 하고 싶은 말은 마음대로 쏟아 부었을 것입니다. 그러나 그날은 지각 출근을 하더라도 갖다 주어야지 하고 웃으면서 갖다 주었습니다. 돌아오는 길에 아들의 문자를 받았습니다.

"엄마, 지각하지 않으셨어요? 고맙습니다. 사랑합니다…."

'사랑합니다'를 여덟 번 썼더라고요. 다행히 지각하지도 않았고 하루 종일 기뻤습니다. 아들과 까마득히 멀었던 거리가 좁혀진 것 같았고, 그 모든 게 아들을 낳던 날의 기쁨과 사랑으로 맞닿은 것 같았습니다. 돌아보면 저는 늘 제 방식대로 사랑했습니다. 이번에도 삐거덕거리는 아들과의 관계로 교육에 참가하게 되었는데 제 무례와 잘못이 한두 가지가 아니었다는 걸 깨달았습니다. 저는 진심으로 아들에게 사과했습니다.

"정말 미안해. 너를 무시하고 당황스럽게 해서. 너에게 엄마의 계획을 미리 말했어야 했는데. 미안해. 그 점퍼 다시 가서 사면 안 될까?"

"알았어요. 누나에게 부탁해서 살게요."
아들은 점퍼를 샀습니다. 누나와 함께 여러 곳을 둘러보고 비슷한 점퍼를 468,000원, 정확히 50만 원을 넘기지 않고 사 왔습니다. 아들은 미안해하는 저를 안으며 말했습니다.

"엄마, 삼수해서 정말 죄송해요. 이제부터 엄마의 기쁨이 되는 아들이 되겠습니다. 사랑합니다. 엄마." 하더라고요.

이 얘기를 들으며 함께 울고 웃던 젊은 엄마가 말했다.

“저는 3, 6, 9의 엄마입니다. 즉, 세살, 여섯 살, 아홉 살 세 아이를 둔 엄마요. 어젯밤 잠자리에 들기 전에 여섯 살 아들이 기도하더라고요. ‘하느님, 오늘 우리 엄마가 많이 웃었어요. 우리 엄마를 많이 웃게 해 주셔서 고맙습니다.’ 이 말을 듣고 있는데 왜 그렇게 자꾸 눈물이 나는지요.”

왜 그럴까, 나도 자꾸 눈물이 났다.

3부 마무리 및 다짐

내 허락 없이 내 방에 들어오는 사람 다 죽인다

고1 딸이 방문 앞에 써 붙인 글

"가장 중요한 일이 별로 중요하지 않은 일에 좌우되어서는 안 된다."

괴테의 말이다. 이 말은 아름다운 인간관계 훈련 과정에서 중요한 목표 중 하나다.

내가 부모교육 분야의 강의를 시작한 지 28년이 된다. 그리고 많은 수강생들의 피드백을 계속해서 듣는다. 그리고 수강생들과 특히 강사들과 그 가족들의 변화된 삶을 본다. 그 변화된 모습이야말로 내가 이 프로그램을 계속할 수 있는 힘의 원천이다.

그 내용을 소개한다.

얼마 전, 늦은 밤 혜영이 아버지의 전화를 받았다.

"선생님, 오늘 밤, 선생님 생각이 많이 나서 전화를 드렸습니다.

아이들과 아내로부터 존경하는 남편, 존경하는 아버지로 대우받으면서 산다는 게 꿈만 같습니다. 오늘은 미국에서 대학에 다니는 두 아이가 최고의 성적을 받았다며 존경스럽고 고마운 부모님 덕이라는 전화를 받았습니다. 선생님, 제가 이렇게 큰 행복을 누리다니요. 이 기쁨을 선생님과 나누고 싶어서 이렇게 늦은 시간에, 벅찬 기쁨으로 잠이 오지 않는 이 밤에 전화를 드렸습니다."

수화기를 통해 전해지는 기쁨은 나에게로 와서 몇 배로 커진 듯했다. 내가 강의하는 이유를 확인시켜 준 혜영이네 이야기이기에 예전에 책에 썼던 내용과 함께 소개하려 한다.

십여 년 전, 혜영이 아버지는 강의에 등록한 이유를 말했다.

저는 세 아이를 둔 아버지입니다. 저는 초등학교부터 열심히 공부했습니다. 우리나라 최고라고 하는 명문중학교, 명문고등학교, 국립 S대 의과대학을 나와서 전문의가 되었고, 의학박사가 되었고, 결혼했습니다. 지금은 병원을 운영하고 있습니다. 제가 열심히 공부하면서 이렇게 열심히 공부하면 행복해질 것이라 믿었습니다. 그런데 그렇게 열심히 공부해서 얻은 모든 것들이 있는데도 행복하지 않았습니다. 환자들에게 제 모든 실력을 다하지만 불평하는 환자를 보면 답답했습니다. 제2의 출근이라 생각되는 집에 가면 세 아이가 다투고, 아내와 아이들이 다투고 제가 끼면 네 사람이 엉켜서 다투고 정말 무엇이 문제인지 암울했습니다. 그런 제게 어느 선배님이 책을 주셨습니다.

“이 책에서 답을 얻을 수 있을 거네.”

선생님이 쓰신 책이었습니다. 책을 읽으며 어렴풋하게나마 희망을 보았습니다. 그러나 선생님을 직접 뵙고 배우고 싶었습니다. 그래서 책에 나와 있는 출판사로 연락해서 선생님을 찾게 되었습니다.

다음은 혜영이 아버지가 매주 수요일 오전 10시부터 시작하는 수업에 참가한 후, 첫 번째로 발표한 사례다.

“내 허락 없이 내 방에 들어오는 사람 다 죽인다.”

고등학교 1학년, 저의 큰딸 방문 앞에 붙어 있는 빨간 매직펜으로 쓴 글을 보는 순간 저는 가슴이 섬뜩했습니다.

‘그래. 다 죽여라, 죽여. 네 방에 들어가는 사람 우리 식구들이니까 우리 식구 다 죽여라 죽여. 내가 널 죽이기 전에. 나가! 나가라고!’ 하고 싶었지만 그건 아니라고 배웠기 때문에 저는 멈추고 생각했습니다.

‘아니?’ 그러나 생각을 잠깐 멈추자 다음 순간 가슴이 찡했습니다. ‘우리 딸이, 내 사랑하는 아이가 이런 글을 쓸 때까지 얼마나 많은 인내로 버티어 왔을까, 몇 번을 망설였을까, 동생들을 다독거리며 보살피는 아이가. 그렇지. 이럴 때가 기회라는데. 저는 모르는 척 학교 가는 딸을 차에 태웠습니다. 그리고 승용차 안에서 조심스럽게 말했습니다.

"혜영아, 네가 방문 앞에 써 붙인 글을 보면서 아빠는 마음이 많이 아팠어."

"아빠에게 쓴 글 아니에요. 엄마는 제 방을 다 뒤져요."

잠깐의 망설임도 없이 툭 내뱉는 딸에게 하고 싶은 말이 넘쳤습니다.

'야, 임마. 그러니까 엄마 죽이겠다는 얘기냐. 그래도 그렇지. 어떻게 엄마를 죽이겠다고 하냐. 그리고 네 방에 들어오는 사람 다 죽인다는 것은 우리 식구 다 죽이겠다는 얘기잖아. 그래. 그렇게 써 붙이니까 속이 시원하냐?"

제가 배워서 달라지긴 했지만 그래도 하고 싶은 말이 많았습니다. 하지만 그것은 다음으로 미루고 배운 것을 생각하며 아이의 얘기만을 들어주었습니다.

"그래. 엄마가 네 소지품을 많이 만졌구나."

"많이 만지는 정도가 아니에요. 샅샅이 다 뒤져서 형사처럼 하나하나 어디서 났느냐, 이런 데만 신경을 쓸 때냐 하면서 쫑알대기 시작하면 한도 끝도 없이 저를 들볶아요. 아주 미치겠다구요."

"그랬어?"

아이는 불만을 눈물에 섞어 쏟아 놓았습니다. 저는 아무 말도 못했습니다. 학교 정문 앞에 다다르자 아이는 눈물을 닦고 저를 보며 살짝 웃음을 보낸 뒤 학교 정문으로 사라졌습니다. 저는 돌아오며 많은 생각을 했습니다. 아이가 괘씸해서가 아니라 측은해서였습니다. 어쩌다가 이렇게 되었을까, 선생님, 그래도 오늘 아침 여기까지 제가 잘한 거죠?

혜영이 아버지는 소년처럼 해맑게 웃으며 말했다.

저와 아내는 아이들에게 우리의 어린 시절보다 훨씬 더 풍요롭게 해 주려고 노력하고 있는데 아이는 불만이라니요. 큰아이에게 특별한 기대를 하는 아내는 아이의 스케쥴을 다 짜 줍니다. 스케쥴은 대부분 과외로 짜인 시간입니다. 삼남매는 잘 지내다가도 무섭게 다툽니다. 저는 과외로 전문직까지 갖게 되었지만 제가 어린 시절로 돌아가서 제가 선택할 수 있다면 저는 혼자서 공부하고 싶습니다. 물론 그랬다면 지금의 제 스펙은 없었겠죠. 저는 아이들을 과외로 묶어놓고 싶지 않습니다. 그러나 아내는 아이들을 너무나 사랑하고 아내가 아이들을 사랑하는 방법은 아이들의 실력을 위해서 과외로 도와주고 싶은 것입니다. 그러나 저는 아내의 그 교육관을 바꾸도록 설득할 실력이 없습니다. 그때 책을 만났고 선생님을 찾게 되었습니다. 그랬기 때문에 그날, 혜영이가 다 죽인다고 써 붙인 다음날 혜영이와 둘만의 데이트도 할 수 있었고, 솔직한 혜영이 이야기도 들을 수 있었고 혜영이에게 편지를 쓸 수도 있었습니다.

“사랑하는 나의 딸 혜영아, 지난 토요일 아빠는 너의 얘기를 듣고 쉽게 잠을 이룰 수가 없었단다. 너의 가슴 깊은 곳에 꼭꼭 묻어두었던 얘기들을 털어놓아 준 아빠에 대한 너의 신뢰와 용기에 너무나 고마웠단다. 아빠는 네 얘기를 듣는 동안 내내 네가 얼마나 외롭고 힘들었을까를 생각하며 가슴이 미어지는 듯 아팠단다. … 도대체 아빠라는 사람이 자기 딸이 그토록 힘들었는데도 무얼 하고 있었단 말인가.… 아빠는 박사학위까지 받았지만 너희들을 사랑하고 이해해 주는 방법을 몰랐어. 그리고 너희들과 한지붕 밑에 사는 지금이 가장 소중한 시간인데. 이제 깨달았단다. 그리고 네게 꼭 하고 싶은 말은 아빠는 너희들을 세상에 있게 해 준 네 엄마를 지극히 사랑한단다.… 엄마에게도 사과하려고 준비하고 있단다….”

그는 특히 큰아이가 무척 싫어하는 엄마에 대해서 아이에게 확실하게 얘기하고 싶어서 아빠는 너의 엄마를 많이 사랑한다는 말을 강조했다고 했다. 혜영이 아버지는 혜영이에게 이렇게 긴 편지를 쓸 수 있었고, 매주 수요일, 오후 2시까지 병원을 휴진하고 교육에 참가하면서 자랑했다.

요즘은 아이들이 말해요. “아빠, 아빠는 참 멋있어요. 저는 아빠가 참 좋아요.” 초등학교 5학년인 막내아들도 잠자리에서 “아빠, 아빠는 짱이에요. 전 아빠가 정말 정말 좋아요.” 하더라고요. 전 소리치고 싶었습니다. 그 충만감, 풍요로움, 아이들이 울려 주는 사랑의 종소리가 그렇게 황홀하고 아름다운 것인지를 정말로 처음 느꼈습니다. 세상을 다 얻은 느낌이었습니다.

혜영이 아버지는 큰아이의 청을 받아들여 병원을 다른 이에게 맡기고 1년을, 그리고 혜영이 어머니도 함께 공부하기 위해서 가족들과 또 다시 1년을 캐나다에서 보냈다. 그동안에도 늘 당신 가족의 변화되는 모습을 나에게 전해 주었지만 며칠 전에도 당신의 꿈을 이루고 있다는 기쁨을 나에게 나누어 주었다. 물론 앞으로도 또 다른 갈등을 겪을 수도 있다. 그러나 그동안 축적해 놓은 지혜로움으로 언젠가 닥칠지도 모르는 시련을 아름답게 극복해 갈 것이다.

나는 존경하는 수강자를 통해 그의 가족들의 아름다운 모습과 만난다. 그리고 그들에 대한 나의 뜨거운 감사의 마음을 기도로 대신하며 깊은 밤, 이 글을 쓰는 나는 행복하다. 내가 강의를 하는 이유이기도 하다.

엄마, 제가 친구를 때렸거든요. 개네 엄마가 집에 올지도 몰라요

태권도장에서 20분 늦게 돌아온 아이가

"그렇다. 어머니 뱃속에서부터 말을 배우고 음악을 들으며 천재 교육을 받았을망정, 가장 중요한 삶의 기술은 배우지 못했다. 그러므로 '삶의 기술'을 배우자."고 하는 안셀름 그륀 신부님의 권고를 다시 한 번 생각한다.

초등학교 5학년이었던 주인공은 지금은 공군 통역 장교가 되었다. 예전에 그 아이 이야기를 책에 쓸 때만 해도 동네 사람들이 자기 아이가 맞았다며 아침저녁으로 집으로 찾아왔다고 했다. 그러고는 부부가 교수라는데 자식을 깡패로 키우느냐며 따지는 통에 몸도 마음도 괴로웠단다. 그때 나는 수강자로 그 아이의 엄마를 만났다. 그가 강의에 참가해서 첫 번째 사례로 소개했던 내용이다.

초등학교 1학년 때, 같은 반 아이 45명 중 38명이 우리 아이에게 맞았다고 해서 문제가 되었던 5학년인 아들이 태권도장에서 평소보다 늦게 집에 들어오면서 말했습니다.

"엄마, 오늘 친구랑 싸웠어요. 걔네 엄마가 우리 집으로 찾아올지도 몰라요. 제가 걔를 때렸거든요."

저는 정말로 화가 났습니다. 그렇잖아도 마음 졸이며 기다리고 있었는데 친구와 싸우고 친구 엄마까지 찾아온다니까요. '잠깐! 이 상황을 어떻게 풀 것인가. 자신이 싸운 사실을 고백하면 자신에게 불리할 텐데도 엄마에게 얘기하는 이유는 뭘까. 그렇지. 갑자기 엄마에게 닥칠 난처할 상황을 미리 알고 있다가 대비하라고 알려 주는 고마운 아들이구나. 저는 침착하게 배운 대로 아들에게 말했습니다.

"엄마 준비하고 있으라구."

"죄송해요."

'죄송할 짓을 하지 말았어야지.' 아니지, 이게 아니지. 저는 또 조용히 말했습니다.

"그럴 만한 이유가 있었겠지."

"네. 제가 시범을 보일 때면 기둥 뒤에 숨어서 메롱메롱 하는 거예요. 제가 한 번 더 놀리면 가만 안 둔다고 여러 번 경고했는데 또 하잖아요. 죄송해요. 다음엔 더 많이 참을게요."

'애들이 놀리든 말든 너는 네가 할 일만 하면 되지. 그리고 이제 참겠다고 하지 말고 그때 참았어야지.' 등 할 말이 많았지만 또 조용히 말했습니다.

"그래. 네가 그런 결심을 하니까 엄마 마음이 놓이네. 그 친구 엄마가 오시면 엄마도 너와 함께 사과할게."

그 사건 이후, 아들은 몰라보게 달라졌습니다. 대학생이 된 첫날 아들이 말했습니다.

"어머님, 저를 잘 키워 주셔서 감사합니다."

지금은 70대 1이 넘는 경쟁을 넘어 공군 통역 장교가 되었습니다.

제가 배우지 않았다면,

"엄마, 오늘 친구랑 싸웠어요. 걔네 엄마가 우리 집으로 찾아올지도 몰라요. 제가 걔를 때렸거든요." 하는 말에 즉각적으로 반응했을 것입니다.

'야! 친구를 왜 놀려. 친절하게 대해야지. 정말 창피해서 못 살아! 여보! 애 좀 어떻게 해 봐요!'라고 말하고, 그랬다면 남편이 또 크게 화를 내며 아이를 나무라고 집 안이 엉망이 되었을 것입니다. 그랬다면 지금쯤 어떻게 되었을지요.

그는 나를 만나면 공군 통역 장교 아들 자랑으로 얼굴 가득 기쁨이다. 그 기쁨이 나에게는 더 크게, 더 큰 감동으로 전해진다.

아들이 대학에서 떨어졌는데 왜 그 엄마가 화가 난다는 거예요?

입시에 관한 TV 프로 예고편을 함께 보던 아들이

초등학교 1학년인 지원이가 내게 동영상을 보내 주었다.

"선생님, 우리는 지원, 지안입니다. 우리 엄마를 많이 변화시켜 주셔서 감사합니다. 우리 엄마가 가끔은 '야! 야!' 할 때도 있지만 더 좋아지고 있습니다. 그리고 선생님, 제가 축구 선수가 되면 제일 먼저 선생님께 용돈 드릴게요." 동영상 속의 형제가 활짝 웃고 있었다.

내가 용돈을 기다리는 원이가 이제는 초등학교 3학년이 되었다. 어느 날 원이 어머니가 말했다.

제가 원이와 SBS에서 방영하는 '부모 vs 학부모' 예고편을 보고 있었습니다. 내용은 대학 입시에서 떨어진 아들에게 크게 화내는 어머니의 모습이었습니다. 그걸 보고 제 아들이 말했습니다.

"엄마, 아들이 원하는 대학에서 떨어졌는데 왜 엄마가 화가 난다는 거예요?

물론 할 말이 너무나 많았죠. 아마도 예전 같았으면 이어졌을 대화입니다.

"허! 참! 너 그걸 말이라고 하냐? 왜긴 왜야? 자식이니까 그렇지. 그러면 아들이 대학에서 떨어졌는데 엄마라는 사람이 하하 호호 깔깔 웃냐? 웃어? 생각 좀 하고 질문해!"
"… 아니요."
"생각을 좀 하고 말해 좀! 말 같지도 않은 얘기 하지 말고! 알았어?"
"… 네."
"(혼잣말로 '재는 왜 저렇게 생각이 없어? 나 참.') 아들이 원하는 대학에서 떨어지는데 왜 엄마가 화나느냐니! 그러면 너는 엄마가 아파서 죽어도 눈물 한 방울 안 흘리겠다? 네가 죽은 게 아니니까?"
"… 아니에요."
"아니긴 뭐가 아니야? 어우 진짜! 이러니까 자식 키워 봤자 다 소용없다는 말을 하지. 하여간에 자기밖에 모른다니까? 누가 지 씨(남편 성) 아들 아니랄까 봐!"
했을 텐데.
뭐라고 말을 해야 하나 망설이다가 한참을 생각해서 말했습니다.

"글세… 아들이 기뻐하는 모습을 보는 게 엄마의 큰 기쁨인데… 음… 아들이 괴로워하는 걸 보면 엄마도 괴로우니까 화가 나지 않을까?"

라고 말하며 저는 속으로 쾌재를 불렀습니다. 제가 우아해진 느낌이 들었기 때문입니다. 저는 아들이 '네. 알았어요.' 할 줄 알았는데 또 난처한 말을 했습니다.

"네. 아들이 최선을 다 했는데도 떨어진 것이기 때문에 아들이 괴로워하지 않으면요?"

또 속으로 '그러면 더 열 받지! 최선만 다한다고 끝이 아니야. 결과로 보여 줘야지. 결과로! 난 최선을 다했으니까 괴롭지 않다? 그럼 양심도 없는 거다. 키워준 부모 은혜도 모르는! 부모는 마음이 찢어지는데 지는 최선을 다했으니까 괴롭지 않으면 그게 사람이야? 죄송한 줄을 알아야지.'

또는 '그걸 어떻게 믿어? 최선을 다했는지 아닌지 알 게 뭐야? 최선을 다하지 않았으니까 떨어졌지!'

또는 '괴롭지가 않다고? 어휴, 너. 그런 소리 함부로 하는 거 아니다? 말이 씨가 된다고 했어. 괴롭지 않으면 그만이야? 그러면 앞으로 인생을 어떻게 살려고? 괴로워야 다음번에 그런 실수를 안 하지! 원아, 너. 그런 생각은 아예 하지도 말아! 그냥 너는 모두가 원하는, 그러니까 엄마도 너도 원하는 대학에 단번에 붙으면 되는 거야. 그래서 어릴 때 교육이 중요하다고! 너 그러니까 부모 잘 만난 줄 알아! 엄마가 너한테 공부하라고 닦달하는 거 봤어? 복 터진 줄 알아. 얘가, 얘가, 세상을 몰라도 너무 몰라. 어쩌려고 저러는지.' 했을 텐데 저는 우아하게 말했습니다.

"… 그러면 많은 걸 배웠으니까 축하해야지."
"엄마도 그럴 거예요?"
또 속으로 ' 너 지금 나 떠보냐? 간 보냐고??' 했을 텐데 저는 인내의 한계를 느꼈지만 말했습니다.

"응. 그러려고 계속 배우는 중이야."
"네. 엄마, 수요일에 연구소 가면 이민정 선생님에게 여쭤봐 주실 거죠?"
"그럼~~~!"
원이는 제 대답이 마땅치 않으면 언제나 활~짝 웃으며 하는 말을 또 했습니다. 선생님 제가 뭐라고 해야 아이의 궁금증이 풀릴까요?

나는 또 생각을 많이 해야 하는 질문을 받았다. 원이 어머니는 우리가 나눈 내용을 원이에게 전했다.

"엄마가 배워왔는데 네가 했던 말 다시 해 볼래?"
"네. 엄마, 엄마 아들이 원하는 대학에서 떨어졌는데 왜 엄마가 화가 난다는 거예요?"

"응 그건, 아들이 기뻐하는 모습만 보고 싶었던 엄마의 마음이 아닐까? 그 마음 깊은 곳에는 엄마의 사랑이 가득 들어 있을 텐데."

"아, 어제 동생이 주차장에서 넘어질 뻔 했을 때 엄마가 무섭게 낚아채듯이 붙잡은 것처럼요?"

'넌 어떻게 그런 것만 기억하냐, 엄마 잘못된 것만 지켜보고 있었냐.' 하고 싶었습니다. 그 전날 백화점 주차장에서 많은 자동차 사이를 작은아이가 뛰다가 넘어질 뻔해서 눈을 부라리며 아이의 뒷목덜미를 낚아채듯이 붙잡았거든요. 그때 큰 아이가 놀란 눈으로 저를 쳐다보고 있었거든요. 그러나 저는 배워서 외웠던 내용을 빨리 말하고 싶어서 얼른 말했습니다.

"그래. 그 엄마는 '사랑'을 '화'로 표현하면 '사랑'이 '화' 속에 묻혀 버리거나 때로는 없어지거나 죽어 버리는 것을 배울 기회가 없었나 봐. 그 엄마가 배웠다면 '네가 시험에 떨어져도 담담한 걸 보니, 최선을 다하면서 많을 걸 배웠구나. 최선을 다한 네가 고마워. 그동안 애썼다. 앞으로의 계획이 어떤지? 아빠 엄마의 도움이 필요하면 언제든지 얘기해 주렴.' 했을 텐데."

저는 말하면서도 왠지 제 의식 수준이 높아진 것 같아 으쓱했습니다. 그리고 아들의 흐뭇한 대답을 기다렸습니다. '네에. 엄마, 알았어요. 저를 위해 열심히 배워 와서 가르쳐 주셔서 고맙습니다.' 할 줄 알았지요. 그런데 아이가 말하더라고요.

"네에. 그런데요. '사랑'을 '화'로 표현하면 '사랑'이 전달되지 않는다는 걸 알았는데도 계속하는 건요?"

'너 분명 엄마한테 하는 말이지? 네가 화 안 나게 하면 엄마가 계속 화 내냐. 화 내? 네가 잘 좀 해 보라구.' 하며 토를 달고 싶었지만 저는 솔직히 말했습니다.

"거기까진 엄마가 배우지 못했어. 미안해. 엄마가 한 번 더 선생님께 여쭤 보고 와서 얘기 해 주면 안 될까?"

"알았어요. 엄마. 기다릴게요. 고맙습니다."

제 아들이 빈틈이 없는 것 같아요. 제 실력이 아들을 따라갈 수 없네요. 또 제가 뭐라고 말하죠? 그리고 다음날 선생님에게 배운 대로 말했습니다.

"원이야, 엄마가 배워 왔어. 다시 말해 줄래?"

"네. 그런데요. '사랑'을 '화'로 표현하면 '사랑'이 전달되지 않는다는 걸 알았는데도 계속하는 건요?"

"그건 사람이 완벽하기 어려운 존재라서 그런가 봐. 자기가 알고 있는 것을 그대로 실천하는 사람은 성인, 성녀 수준이래. 그래서 평범한 사람들은 배운 대로 되었다가 안 되었다가를 반복하면서 점점 되는 횟수를 늘려가는 거래. 그런 자신과의 싸움은 죽을 때까지 계속되는 것이고, 죽을 때까지 배워야 하는 이유라고 하셨어. 그래서 엄마도 열심히 배우고 있어. 그리고 선생님께서 너에게 꼭 전해 달라고 하신 말씀이 있어."

"무슨 얘긴데요?"

"선생님은 이 프로그램을 만드셨는데도 선생님이 이 프로그램에서 배우는 대로 실천해야 한다면 강의할 수 없다고 하셨어. 그래서 지금도 계속해서 배우고 연구하신다고 하셨어. 그 배움은 돌아가실 때까지 계속 될 거라고 하셨어. 그래서 엄마도 계속 배우려고 해."

아들이 조용히, 그리고 한참 말없이 생각하다가 제 옆으로 와서 속삭이듯 말했습니다.

"엄마, 저는 엄마가 '사랑'을 '화'로 표현해도 '사랑'으로 받아들일게요."

"고마워, 아들."
그때 제가 왜 그렇게 눈물이 줄줄줄 흐르는지요. 저는 아들을 힘껏 안았습니다.

나는 원이 어머니 얘기를 듣고 원이 어머니에게
"원이가 하는 말 '엄마의 '화'를 '사랑'으로 받아들이겠다는 말을 듣고 그렇게 말하는 원이를 존경한다."고 전해 줄 것을 부탁했다. 원이 어머니는 그 답을 받아와서 다시 내게 전해 주었다.

"엄마, 저는요. 제가 그 말을 생각해 낸 것이 아니라 선생님 말씀을 들으면서 그때 생각이 나는 거예요." 하더라고요.

아들의 말을 진지하게 듣고 겸손하게 배우는 원이 어머니와 원이는 나에게 큰 힘이다. 나는 두 손을 모았다.

"하느님 아버지, 제가 늘 깨어 있도록 원이와 원이 어머니를 제 스승으로 보내 주셔서 감사합니다."

이렇게 수강자와 나는 아이들 사이를 오고 가며 함께 배운다.

어느 날 원이 어머니는 다시 아이들의 이야기를 들려주었다.

그날 두 아이가 도란도란 얘기를 나누더라고요.

"형이 말이야, 아빠가 되면 다섯 살 차이가 되는 아들 두 명을 낳고 싶어."

"왜?"

"아이가 다섯 살이 되면 엄마의 초기 증상이 나타나거든"

"그게 뭔데?"

"아이가 다섯 살이 되면 엄마가 화를 내기 시작하지. 근데 그땐 아훈을 배우는 '즐거운 유치원'에 갈 수 있으니까 또 낳아도 돼."

"응, 그런데 형아, 나 부부 되고 싶어."

"그래. 결혼하고 싶어?"

"응, 나 엄마랑 결혼하고 싶어."

"아, 엄마 같은 사람 만나서 부부 되고 싶다고?"

"응."

"그래. 우리 동생 커서 엄마 같은 사람 꼭 만나, 그래서 나중에 아훈 보내면 돼."

"그런데도 화내면?"

"(옆에 있던 남편이) 응, 그럼 강사 과정 하면 돼."

"응. 맞아, 맞아요. 아빠."

세 사람이 맞장구를 치며 웃는 걸 보면서 저도 웃음이 나왔습니다.

그래서 시카고 대학 총장이었던 로버트 허친스 박사는 말했나 보다. "교육은 계속되는 대화" 라고.

아훈에서는 작은 사건을 지혜롭게 풀어가는 대화 방법을 훈련한다.

다음은 4학년이 된 원이가 성남시장배 독후감 글쓰기에서 최우수상을 받은 내용을 원이의 동의를 받고 소개한다.

2014년 3월 17일 월요일 날씨: 미세먼지가 많음.

제목: 『매머드를 찾아라』를 읽고

스라소니귀와 족장 파푸는 나와 엄마를 닮았다. 사냥초보 스라소니귀가 사냥에서 수 없이 많은 실수를 했을 때 족장 파푸는 언제나 사랑으로 용서해 주었다. 그래서 스라소니귀는 다시 도전하고 또 도전할 수 있었던 것이다.

그래서 성공했다고 생각한다. 스라소니귀가 인류 최초로 매머드를 잡을 수 있었던 것은 족장 파푸의 사랑, 용서, 격려 덕분이라고 생각한다.

나의 부모님도 파푸와 비슷하다고 생각한다. 왜냐하면 내가 필요하던 아이팟을 엄마가 열심히 강의해서 사 주셨는데 친구들과 놀이터에서 놀다가 액정이 깨졌을 때, 내 동생 안이가 어학원 버스를 놓쳤을 때, 물건을 자주 잃어버리는 습관을 고치지 못할 때도 엄마는 "그래서 뭘 배웠지?"라고 말씀하신다.

그러면 나는 뭘 배웠는지 생각하고 또 생각해서 말하면 엄마는 "그래 우리 원이가 많은 것을 배웠네." 그러면서 나를 꼭 껴안아 주신다. 그럼 난 부모님에게 정말 더 죄송하고 감사해서 눈물이 날 것 같지만 나는 남자니까 꾹 참는다.

엄마는 지금도 나와 동생, 우리 가족을 위해서 '아름다운 인간관계 훈련'을 한다. 그리고 모르는 문제가 있으면 이민정 선생님에게 질문을 한다. 그러면 선생님은 언제나 친절하게 사랑하는 마음으로 알려 주신다. 그래서 나는 생각하는 힘이 커지고 있다. 내가 전교 1등을 할 수 있었던 것도 선생님의 영향이 있는 것 같았다. (아빠의 도움도 있었지만.)

이제는 엄마 아빠께 효도하는 큰아들이 될 것이다. 그리고 동생에게도. 왜냐하면 그게 선생님의 기쁨이기 때문이다. 그리고 할머니, 할아버지의 기쁨이기 때문이다. 마지막으로 선생님에게 이 말을 하고 싶다.

"선생님, 고맙다는 말을 많이 하고 많이 들어서 선생님처럼 훌륭한 사람 될게요. 그리고 엄마를 행복하게 해 주셔서 고맙습니다."

이렇게 나에게 힘을 주는 원이가 있어 나는 오늘도 글을 쓰고 강의를 할 수 있는 힘을 얻는다. 나도 원이에게 전하고 싶다.

"사랑하고 존경하는 원이야, 원이의 선생님에 대한 기대가 깨지지 않도록, 원이가 점점 성숙해져도 실망하지 않도록 열심히 연구하고 노력할게. 그리고 원이와 원이 가족을 위해 늘 기도할게. 고마워. 사랑하는 원이야."

원이를 생각하면 나는 언젠가 읽었던 『신과 나눈 이야기 3』(아름드리미디어 간)에 나오는 가슴 뭉클한 내용이 떠오른다.

하늘나라에 사는 작은 영혼이 용서를 체험하고 싶었다. 하지만 그것은 불가능했다. 신은 오직 사랑스럽고 완벽한 영혼만을 창조했기에 용서받을 만한 잘못을 한 영혼이 아무도 없었기 때문이다. 실망한 작은 영혼 앞에 한 영혼이 나타나 자신이 그 용서받을 일을 하겠다고 했다. 그 영혼은 작은 영혼에게 말했다.

"내가 너의 다음번 지구에서의 삶에서 너한테 용서받을 일을 할게."

작은 영혼은 그런 일이 어떻게 일어날 수 있는지 상상할 수 없었다. 그 영혼은 너무도 완벽했고 사랑스러웠기 때문이다. 그런 그가 왜 그런 일을 하겠다고 나섰는지 도대체 이유를 알 수 없었다. 그래서 그 이유를 물었다. 그 영혼은 대답했다.

"난 너를 사랑하고 게다가 너도 날 위해 같은 일을 했으니까."

하지만 작은 영혼은 자신이 언제 그를 위해 그런 일을 했는지 기억나지 않았다. 그건 그들이 아주 오래 전에 모두 하나였기 때문이었다. 뭔가를 체험하기 위해서는 상대방이 있어야 한다. 차가움 없이 따뜻함을 느낄 수 없고, 슬픔 없이 기쁨을 느낄 수 없고, 악 없이는 선을 체험할 수 없듯이 뭔가 체험하기 위해서는 반드시 그것과 반대되는 것이 있어야만 했기에 그렇게 그들은 나누어지게 된 것이다. 나누어진 그들은 서로를 위해 기꺼이 일을 맡아 해냈다. 그 영혼은 이런 체험이 자신들을 위해 신이 준비한 특별한 선물이라고 했다.

그 영혼은 마지막으로 작은 영혼에게 한 가지를 부탁했다.

"내가 딱 하나만 부탁해도 될까? 내가 너를 때리고 괴롭히는 그 순간에, 상상할 수 있는 가장 못된 짓을 너에게 저지르는 그 순간에, 그 순간에 말이야.… 그때 내가 진짜로 누군지 잊지 말아줘."

작은 영혼은 약속하며 말했다.

"그래 잊지 않을게. 내가 지금 너를 보는 것처럼 그때도 너를 완벽함과 사랑으로 볼게. 네가 누군지 절대 잊지 않을게. 항상 기억할게."

어쩌면 지금 나를 힘들게 하는 누군가는 바로 내가 용서를 체험할 수 있게 하늘에서 보내준 또 다른 영혼인지 모른다.

신은 이렇게 말한다.
"항상 기억하거라. 나는 너에게 천사 말고는 아무도 보내지 않았다."

옳은 길에서 올바른 방법으로 사람을 도와주는 아훈 강사가 되고 싶어요

아훈 강사가 되고 싶다는 초등학교 1학년인 윤하가

2014년 1월에 카드하나를 받았다. 엄마가 연구소에 온다는 말을 듣고 선생님에게 전해 달라는 카드였다. 그 내용이다.

이민정 선생님께

안녕하세요. 저는 윤하예요. 선생님 덕분에 엄마가 아예 안 혼내요.

그리고 제가 슬플 때 엄마가 제 마음을 알아주어요. 이게 모두 다 선생님 덕분이에요. 선생님 감사합니다. 사랑해요! I LOVE YOU!

2014년 1월 5일 윤하 올림

내게 얼마나 큰 선물인지. 고맙고 또 고마웠다.

작년 3월에 초등학교 1학년이 된 윤하 얘기를 윤하 어머니가 들려주었다.

윤하는 초등학교 3학년인 오빠와 잘 놀다가도 잘 다툽니다. 저녁 식탁에서 저녁을 먹으며 얘기하다가 있었던 일입니다.

윤하: 웃지 마!

성하: 왜? 내 맘이야.

윤하: 웃지 말라구! 놀리는 거 같잖아!

성하: (웃으며) 놀리는 거 아냐!

윤하: 진짜! (울면서 방으로 들어간다.)

저는 성하에게 "아휴~ 진짜! 신! 성! 하! 너 동생이 싫다고 하면 하지 말아야지!" 하고 소리치고 싶은 마음을 멈추고 조심스럽게 말했습니다.

엄마: 성하야, 잠깐! 성하가 웃는 이유가 궁금하네.

성하: 윤하 말이 웃겨서요.

엄마: 그러니까 윤하 말이 재미있어서 웃었다구.

성하: 네.

엄마: 그래. 그럴 때는 '윤하야, 너 얘기 정말 재미있다.' 말하고 웃는 거야.

성하: ….

성하와는 이렇게 끝났습니다. 그리고 저는 윤하 방으로 들어갔습니다. 그냥 생각대로라면 "아휴~ 신! 윤! 하! 너는 왜 이렇게 울어! 울면 지는 거다!" 말하고 싶었지만 저는 또 생각하며 말했습니다.

엄마: 오빠가 웃어서 놀리는 거 같았구나.

윤하: 놀리는 거예요.

엄마: 그래. 그런데 오빠에게 '웃지 마.' 하고 명령하면 오빠가 윤하 말을 안 듣게 되거든. 오빠에게 명령하지 않고 네 마음을 그대로 표현하는 거야.

윤하: 어떻게요?

엄마: '오빠가 날 보고 웃으니까 날 놀리는 느낌이 들어서 기분이 안 좋아.'라고.

윤하: 그게 얼마나 어려운데. 난 그렇게 못해요. 난 어려서 힘들어요.

엄마: ???

제 능력의 한계입니다. 아이가 '그게 얼마나 어려운데, 난 어려서 힘들어.' 하니까 정말 할 말이 없더라고요. 그래서 더 이상 말하지 않고 윤하 방을 나왔습니다. 제가 어디서 어떻게 바꿔야 하고 마지막 '힘들다.'는 말에는 어떤 대답을 해야 할까요.

위 대화에서 '오빠가 웃어서 놀리는 것 같았구나.'와 '오빠가 놀리는 것 같아서 서운했구나.'와는 다르다. 윤하 어머니는 위의 내용을 연구소에서 점검한 다음에 윤하와 다시 대화를 나누었고 그 결과를 알려 주었다.

엄마: 윤하야, 지난 번 오빠가 웃었을 때 엄마가 했던 말 중에 엄

마가 어떻게 말하는지 배우고 왔어. 우리 다시 한 번 역할 연습 해 볼까? 엄마가 네 방에 들어가서 얘기 하는 데서부터 시작하는 거야.

윤하: 알았어요.

엄마: 윤하야, 오빠가 웃으니까 놀리는 거 같아서 서운했구나.

윤하: 네. 서운해요. 오빠는 맨날 나 놀려요.

엄마: 그렇구나. 많이 서운했구나. 그런데 윤하야, 그럴 때는 "오빠가 웃으니까 놀리는 거 같아서 내가 창피해서 눈물이 날 것 같아."라고 말하면 오빠가 어떤 생각이 들까?

윤하: … 근데 그렇게 말하기 얼마나 어려운데. 난 못해. 난 어려서 힘들어요.

엄마: 그래. 윤하야, 이민정 선생님은 "그게 얼마나 어려운데, 난 어려서 못해. 힘들어, 하고 말하는 윤하는 할 수 있다."고 하시더라.

윤하: 엥?^^

엄마: '난 어려서 못해.' 말하는 윤하는 할 수 있대. 왜냐면 그런 말은 노력하는 사람이 할 수 있는 말이니까.

윤하: 나 정말 노력 많이 했어요.

엄마: 그렇지! 우리 윤하가 노력 많이 하지.

윤하: 히~ 엄마, 나 강사할 거예요!
엄마: 어?
윤하: 네. 나 강사할 거예요. 강의 언제부터 들을 수 있어요?
엄마: 어, 대학생 언니도 하더라.
윤하: 그래요? 그럼 엄마는 할머니 되잖아요.
엄마: 그렇지. 그럼 윤하는 대학생 강사, 엄마는 할머니 강사. 이민정 선생님처럼.
윤하: 그럼 언제부터 강사 될 수 있는지 확실히 물어보고 오세요.
엄마: 그래. 내가 알아볼게. 그런데 엄마가 궁금해. 윤하가 왜 강사가 되고 싶을까?

윤하: 음. 어떤 말에 어떻게 말하는지 알려 주니까요. 그리고 옳은 길에서 올바른 방법으로 사람들을 도와주니까요.

저는 윤하의 마지막 말에 놀랐습니다. 어떻게 초등학교 일학년 아이가 논리 정연하게 아훈의 기본 원리를 표현하는지요. 제가 어떻게 말하는가의 중요성을 다시 알게 되었습니다.

나 또한 윤하 어머니의 말을 들으며 놀란다. 아이들의 그 표현능력은 어디서 오는 것일까? '교육'이라는 의미의 영어 단어 'education'이 '밖으로 끌어내다'는 뜻에서 왔다고 한다. 윤하 어머니는 윤하의 마음속 깊은 우물 안의 맑은 물이 엄마의 마중물로 무궁무진하게 끌어올려지도록 돕고 있는 것이 아닐까. 이제 초등학교 1학년인 윤하가 어떤 모습으로 변화하며 성숙하게 될지 기도하며 기다리게 된다.

나에게 아훈 프로그램을 계속할 수 있도록 힘을 주는 수강자들과 그들의 사랑스럽고 현명한 아이들 그리고 독자들에게 감사한다. 독일 신비주의 사상가, 마이스터 에크하르트가 말하는 사랑의 의미를 음미하며 앞으로 아훈이 가야 할 길을 생각한다.

“그대 자신을 포함해서 모든 사람들을 똑같이 사랑한다면, 그대는 그들을 한 인간으로 사랑할 것이고 이 사람은 신神인 동시에 인간이다. 따라서 그는 자기 자신을 사랑하면서 다른 모든 사람들도 마찬가지로 사랑하는 위대하고 올바른 사람이다.”

결국 사랑만이 답이다. 우리는 먼저 우리 자신의 내면에 잠들어 있는 사랑을 찾고 그 무한한 성장과 치유의 잠재력을 깨워야 한다. 그러면 사랑은 우리 안에서 말 그대로 뿜어져 나갈 것이다. 사랑하는 가족들과 우리가 만나는 모든 사람들에게로 뻗어나가 그들을 따뜻하게 감싸 안을 것이다. 그 안에서 우리는 서로를 용서하고 치유하고 화해하며 함께 성장할 것이다. 서로에게서 마침내 신을 발견하고 감사해할 것이다.

아훈 가족들의 이야기

*** 분주한 아침시간, 내 뜻대로 따라주지 않는 아이에게 버럭 소리를 지르는 일, 밤 10시에 밥을 못 먹었다며 귀가하는 남편에게 내가 밥하는 기계냐며 귀찮은 마음으로 투덜대며 준비하는 음식, 그리고 뒤돌아서서 늘 후회를 한다. 하지만 이젠 아훈 프로그램을 통해서 후회로만 끝나는 것이 아니라 "미안해." 사과하고 잘못을 수정하는 용기와 힘이 내 안에 생겼다. 이제 나는 희망을 느낀다. 어제보다 오늘, 오늘보다 내일 더 많이 웃고, 덜 후회하는 삶을 살게 될 것이라는….

윤서연

*** 천사 같던 딸이 중3이 되자 사춘기가 시작되었다. 순식간에 변해버린 딸의 모습에 당황스럽고, 걷잡을 수 없는 행동에도 나는 어쩌지 못했다. 그런데 아름다운 인간관계 훈련 프로그램에 참가하면서 내 마음을 한없이 졸이게도 했던 그 딸이 지금은 어엿한 대학생이 되어 자

신의 길을 걸어가고 있다. 만약 선생님을 만나지 않았다면 과연 나는 지금 어떤 모습일까를 생각해 보면 앞이 캄캄해진다. 아이를 바라보고 기다릴 수 있는 힘을 주신 선생님과 아훈에 진심으로 감사드린다.

김소량

*** 나는 아이와의 관계 개선을 위해 아름다운 인간관계 훈련 프로그램에 참가하게 되었다. 그러나 이론으론 이해가 되었지만 나의 마음에서, 가슴 속에서 배운 대로 되지 않는 나 자신을 보면서 교육을 그만두고 싶기도 했고 교육을 받고 있는 나 자신이 한심해 보이기도 했다. 그런데 교육을 받으면서 내가 조금씩 변하자 나의 가족들도 변하기 시작했다. 나는 친정어머니와의 관계가 참 많이 어렵고 힘들었었는데 친정어머니께서 이 교육에 관심을 보이시더니 선생님 강의 CD를 들으시겠다고 하셔서 선물로 드렸다. 며칠 후 친정어머니는 나에게 "너에게 정말 미안하고 그동안 내가 잘못한 게 너무나 많구나. 어떻게 하면 내가 용서받을 수 있겠니?"라고 눈물을 흘리면서 말씀하셨다. 그 순간 내 가슴을 짓누르고 있던 무거운 짐이 사라지는 걸 느꼈다. 그리고 내 안의 문제가 무엇인지 왜 쉽게 변화되지 못했는지를 깨닫게 되었고, 앞으로 어떠한 일이라도 헤쳐 나갈 수 있겠다는 자신감도 생겼다. 지금은 이 프로그램을 만드신 선생님께 보은하는 마음으로 내가 받은 이 귀한 선물을 다른 사람들에게도 나누고자, 남은 일생동안 최선을 다해 하루하루를 살기로 다짐하며 지내고 있다. 다시 한 번 이 프로그램을 만드신 선생님께 진심으로 감사드린다.

윤 에밀리아

*** 육아 스트레스, 부모님, 남편과의 힘들었던 관계. 선생님의 강의를 들으며 하염없는 눈물을 흘렸습니다. 강의를 들으면서 그동안 제가 아이에게 해 온 방법이 얼마나 잘못된 것이었는지를 깨닫고 흘리는 눈물이었습니다. 저 또한 그렇게 싫어하던 제 부모님처럼 제 아이에게 하고 있다는 것도 알았습니다. 모든 것이 달라지기 시작했습니다. 가족 관계도 많이 좋아져 "엄마, 사랑해요. 엄마가 참 좋아요."란 말도 이젠 곧잘 듣습니다. 부모의 자격이나 의무에 대해 두려움 없이 행복한 믿음으로 살아갈 수 있게 되어 선생님께 평생 감사드리는 마음입니다. 공부하고 나서 느낀 그동안의 갈등, 부대낌이 땅굴이 아니라 빛이 보이는 터널이었음을 이제야 알 것 같습니다. 이 아름다운 과정 덕에 포기하고 있던 둘째도 갖게 되었습니다. 주위에서 '기적'이라고 하지요. 너무 감사합니다. 선생님.

캐나다 토론토에서 헬레나

*** 캐나다에서 한 번 저자를 뵈었으면 하던 바램이 이루어져 영광으로 생각합니다. 제 꿈은 행복한 가정생활을 이루는 것이었습니다. 무언가 저의 인생에 도움이 되는 것을 갈망하고 찾고 싶었습니다. 그러던 차에 저의 발길이 토론토 레퍼런스 도서관Toronto Reference Library에 가서 선생님의 책을 빌려 읽고 제 안의 잣대와 방향이 잘못되었음을 알았습니다. 진정으로 무엇이 겸손인지를 알게 되고, 교만으로 '쌓아 온 것'이 한 순간에 무너지면서 마음이 참으로 평온해지고 화를 내지 않게 되는 자유를 얻게 되었습니다. 이 세상 모든 게 고맙더군요. 선생님은 저한테 행복의 길로 큰 대문을 열어 주셨습니다. 참으로 '모든 게 내 탓이야!' 하고 감명 깊게 느끼자 결국 저의 상처를 치유하

는 약은 제가 가지고 있더군요. 제 삶에서 일어났던 여러 가지 사건들을 이해할 수 있도록 가르쳐 주셔서 고맙고 많은 시련 뒤에 얻게 된 깨달음은 '삶을 즐겨야겠구나.'였습니다. 나쁜 일이 일어날까 봐 하던 불안과 걱정도 없어졌습니다. 삶에서 불가피한 사건이 일어나도 선생님의 지혜로 풀어 나가면 그 고통을 줄일 수 있다는 의지가 더더욱 강해졌습니다. 이젠 저 자신을 이기고 싶은 의욕으로 강해지고 있습니다. 그리고 더욱 행운으로 생각하는 것은 이런 행운을 전할 수 있는 아름다운 인간관계 프로그램이 토론토에 자리 잡게 되어 많은 분이 행복해질 수 있게 되었다는 것입니다. 천주교 신자가 아닌 저에게도 이런 기회를 만들어 주신 토론토 한마음성당 신부님과 예수성심성당 신부님께 감사드립니다. 삶의 깨달음과 행복을 전하고 싶은 김영숙입니다.

캐나다 토론토에서 중국 교포 김영숙

*** 내가 처음 선생님의 책을 읽었던 때가 생각난다. 천상의 언어 같은 말로 아이와 대화할 수 있다는 책의 내용을 보면서 참 좋았다.… 사람이 이렇게 대화할 수도 있구나.… 그런데 난 못 하겠다 하면서 책을 동생에게 주었었다. 그때 유치원을 다니던 아들이 중학생이 되었을 때, 나는 수강자로 이민정 선생님을 만나게 되었다. 예민하고 까다로운 아들이 14살이 될 때까지 너무나 열심히 살았고 아들을 위해 많은 것을 희생하며 살았는데, 아들은 나에게 말도 안하고 눈도 잘 마주치지 않고… 저러다가 재 가출하면 어쩌지? 아니면 내가 미치지 않을까? 그렇게 어려울 때 이민정 선생님을 만나서 처음 선생님 책을 읽고 못 하겠다던 그 대화 방법 그리고 그 대화를 하기 위한 마음을 준비하고 훈련하는 걸 시작했고, 만 5년이 되어 간다. 아직도 아들과의 관계

는 회복 중이다. 좋다…, 라고 하기는 어렵다. 하지만, 아들이 그랬다. 엄마가 날 좋아하는 건 알고 있다고… 어떻게? 엄마 하는 거 보면 알지! 아들은 무심하게 말했지만, 난 울었다. 난 언제나 아들을 사랑했지만 아들은 14년을 외로웠고 힘들어했다. 그런데, 지금은 내가 사랑하는 걸 알고 있단다. 그게 고마워서… 기뻐서 울었다.
책으로든 강의로든 선생님을 만나게 되는 분들이 선생님의 가르침을 실생활에 적용하고 포기하지 않고 계속 훈련해서 행복한 인생이 되기를 바란다.

정숙영

*** 저는 세 아이의 어머니입니다.
저의 아이들이 유치원생, 초등학생이던 때『이 시대를 사는 따뜻한 부모들의 이야기』를 처음 만났습니다. 그때 이 책에서 권하는 부모자녀 간의 아름다운 관계를 위한 사례들이나 제안들에 대한 저의 생각은 '왜 이렇게 애들을 복잡하게 키워? 그렇게까지 하지 않아도 잘 크는구만.' 하는 것이었습니다.
그랬던 저에게 아이들을 '그렇게까지 복잡하게' 키우지 않으면 안 되는 때가 오고 말았습니다. 아이와의 관계가 박살날 것만 같은, 벼랑 끝에 몰린 듯한 절박한 심정이던 때 다시 만난 이 책을 보는 제 생각은 '책을 읽는 것만으로는 부족해.'였습니다. 그래서 아름다운 인간관계 훈련을 위해 대전에서 서울의 연구소까지 일주일에 몇 번씩을 오가며 배우기 시작했고, 그러면서 가장 먼저 발견한 것은 아이가 사랑받는다고 느낄 수 있게 하는 올바른 방법을 제가 몰랐다는 것이었습니다.
그런 저를 변화시키기 위해 먼저 저 안의 진실한 사랑을 찾아내고 그 사랑을 아이에게 오해 없이 전해지도록 하려면 어떻게 해야 하는지 배우기 시작했습니다. 일상생활에서 일어나는 사소한 사건들, 그 각각의 상황에서 어떻게 대화하고 행동하는 것이 올바른 것인지 구체적인 방법을 여러 선생님들과 함께 배우고 연구하고 계속 훈련하다 보니 지금은 제 아이들과의 관계뿐 아니라 제 주변의 많은 사람들과의 관계도 점점 아름다워지고 무엇보다도 제가 누리는 기쁨과 행복이 점점 커져가는 것을 느낍니다.
이렇게 제 안의 진심을 찾아내고 그것을 사랑으로 표현하며 실천하는 이 과정을 통해 함께 누리게 되는 기쁨과 행복을 저는 가능한 많은 아름다운 분들과 나누고 싶습니다. 이것이 제가 아름다운 인간관계 훈련을 여러분과 함께 하고 싶은 이유이기도 합니다.

양인숙

*** 아훈을 만나기 전까지 나의 삶은 아무런 문제가 없었다. 나만을 위한 삶을 살아가는 이기적인 삶의 전형이었지만 문제로 느껴지지는 않았다. 사회생활은 나의 기분이나 금전적 이익에 따라 친절과 배려로 좋은 사람인 척했다. 아내를 이해하려는 진정한 대화를 하지 않으면서 나의 피곤과 짜증, 어려움만 이해하라고 했다. 뻔뻔스러움의 극치였지만 그게 당연했다. 특히 운전할 때는 누가 끼어들기라도 하면 자동차 결투라도 하듯, 끝까지 쫓아가서 그 차를 추월해야 직성이 풀리는 분노 조절 장애를 앓고 있었다. 그러나 그 모든 것을 몰랐다. 아훈은 이런 이기적인 삶에 변화를 주었다. 내가 문제 있는 삶을 살고 있다는 것을 깨닫기 시작했다.
지금 변화되어 가는 모습은 사람들을 만날 때, 운전할 때, 아내를 대

할 때, 친절한 마음으로 친절하고, 사랑하는 마음으로 사랑하려 애쓰고 있다. 사랑과 행복과 평화로움의 진정한 의미를 깨닫게 되었다.
나의 삶을 근본적으로 변화하게 해 준 아훈은 행복한 삶의 기술이고 올바른 길로 안내하는 나침반이라고 생각한다. 오늘도 아훈을 의식하며 평생을 훈련하면 분명 아름다운 사람이 될 것이라 확신한다. 그렇지, 여보!

정성우